电气工程、自动化专业系列教材

PLC 控制技术
线上线下混合实践教程

苗红霞　齐本胜　主　编
李　磊　江　琴　副主编

电子工业出版社

Publishing House of Electronics Industry

北京·BEIJING

内 容 简 介

本书主要介绍 PLC 控制技术的线上线下混合实践，共 7 章。第 1 章介绍三菱 PLC 的基本知识；第 2 章介绍西门子 PLC 的基本知识；第 3 章介绍全线下实战 PLC 控制系统所需要的 PLC 编程软件及配套硬件的使用方法；第 4 章介绍半虚半实 PLC 控制系统中实体 PLC 与虚拟仿真软件的配合使用方法；第 5 章介绍全虚拟 PLC 控制系统中虚拟三菱 PLC 与虚拟平台的使用方法；第 6 章介绍全虚拟 PLC 控制系统中虚拟西门子 PLC 与虚拟平台的使用方法；第 7 章是实验指导，分为 3 篇（全线下实战篇、半虚半实篇和全虚拟仿真篇），涉及 29 个实验，实验内容逐层递进，而且读者也可以自行设计实验及内容。另外，本书提供 13 个实验的讲解视频，读者可扫描书中的二维码进行查看。

本书可作为高等院校自动化、机电一体化等专业 PLC 实践课程的教材，也可供相关专业的技术人员参考。

图书在版编目（CIP）数据

PLC 控制技术线上线下混合实践教程/苗红霞，齐本胜主编. —北京：电子工业出版社，2023.6
ISBN 978-7-121-45793-7

Ⅰ. ①P… Ⅱ. ①苗… ②齐… Ⅲ. ①PLC 技术－高等学校－教材 Ⅳ. ①TM571.61

中国国家版本馆 CIP 数据核字（2023）第 108302 号

责任编辑：凌 毅
印　　刷：北京虎彩文化传播有限公司
装　　订：北京虎彩文化传播有限公司
出版发行：电子工业出版社
　　　　　北京市海淀区万寿路 173 信箱　邮编　100036
开　　本：787×1 092　1/16　印张：10.75　字数：289 千字
版　　次：2023 年 6 月第 1 版
印　　次：2024 年 4 月第 2 次印刷
定　　价：39.90 元

凡所购买电子工业出版社图书有缺损问题，请向购买书店调换。若书店售缺，请与本社发行部联系，联系及邮购电话：(010) 88254888，88258888。

质量投诉请发邮件至 zlts@phei.com.cn，盗版侵权举报请发邮件至 dbqq@phei.com.cn。

本书咨询联系方式：(010) 88254528，lingyi@phei.com.cn。

前　　言

为深入贯彻党的二十大报告中"推进新型工业化"精神，全面提高人才自主培养质量，全力造就实践创新人才，我们组织编写了此书。现有的 PLC 课程实践教材内容都是线下实战形式的，实践内容和难度固定，学生在进行实践时，受时间、地点、设备数量、成本等限制，无法实现线上线下混合实践，为此，本书旨在做到以下几点：

1. 实践内容循序渐进，逐渐培养学生的知识综合应用能力

通过线上线下混合实践让学生掌握 PLC 控制技术的基本概念、相关技术、基本的开发方法，通过由浅入深的典型 PLC 控制系统案例设计让学生清晰地了解并掌握 PLC 控制技术实践的整体流程，使学生掌握 PLC 的编程，熟悉软件与硬件的密切配合，培养学生的知识综合应用能力、科学研究能力及复杂系统设计能力。

2. 解决以往 PLC 课程实践教材内容受设备成本限制的问题

以往 PLC 课程实践教材内容仅局限于目前实验室的设备，学生能做的实验系统比较少。若想设计、实现其他系统，就需要再购买设备，但资金有限，实验室不能每年都新进设备。本实践教材内容不仅可以用 PLC 实物、传输带模块、电机、机械臂综合装置等硬件设备实现线下全实战型控制系统，而且可以实现半实半虚形式和全虚拟形式的 PLC 课程实践内容，能够充分利用现有的现代化教学设备，提高设备的使用率，避免大型仪器设备的重复添置和浪费，节省实验设备成本。

3. 解决以往 PLC 课程实践教材内容受时间、地点限制的问题

本教材介绍的 PLC 虚拟实验平台解决了传统 PLC 课程实践教学受时间、地点限制的问题，在网络等环境下建立的虚拟实验平台更方便进行线上互动学习。

4. 解决以往 PLC 课程实践题目选择受限的问题

本教材介绍的 PLC 虚拟实验平台使课程实践变得简单、方便，做实验时学生自行选择控制系统及实验仪器，任意完成不同的实验。自动化学科的发展很快，PLC 控制系统日新月异。药品生产线利用 PLC 实现了自动化，快递公司利用 PLC 实现了物品的自动分拣，电梯利用 PLC 实现了优化控制等。学生可以利用 PLC 虚拟实验平台，想做什么就做什么，而且动画效果非常好，生动有趣。

5. 更好地实现以学生为中心的教育理念

PLC 课程实践内容通常由教师确定题目，学生实践的内容几乎年年一样，很少有创新，形成以知识传授为主的"传道、授业、解惑"式的教育理念。本教材的实践内容难易程度和虚实形式各不相同，而且学生还可以自行设计题目，能够实现以学生为中心的教育理念。

6. 更好地将 PLC 课程实践与社会人才需求相结合

以往 PLC 课程实践基本上是教师根据实验室的硬件设备做固定的题目，难以更好地与当今社会的人才需求相结合。本教材中自行设计的实践项目要求所设计的 PLC 控制系统尽量接近自动化学科前沿，而且有一定的难度，要求学生要有工匠精神和团队合作精神，为培养高质量的工程实践人才打下基础。

    本书共 7 章。第 1 章介绍三菱 PLC 的基础知识；第 2 章介绍西门子 PLC 的基础知识；第 3 章介绍全线下实战 PLC 控制系统中所需要的 PLC 编程软件及配套硬件的使用方法；第 4 章介绍半虚半实 PLC 控制系统中实体 PLC 与虚拟仿真软件的配合使用方法；第 5 章介绍全虚拟 PLC 控制系统中虚拟三菱 PLC 与虚拟平台的使用方法；第 6 章介绍全虚拟 PLC 控制系统中虚拟西门子 PLC 与虚拟平台的使用方法；第 7 章是实验指导，分为 3 篇（全线下实战篇、半虚半实篇和全虚拟仿真篇），涉及 29 个实验，实验内容逐层递进，而且读者也可以自行设计实验及内容。另外，我们制作了 13 个实验的讲解视频，可与本书配套使用，读者可扫描书中的二维码进行查看。

    本书由苗红霞、齐本胜、李磊和江琴共同编写，由于编者水平有限，难免存在不妥之处，殷切期望使用本书的教师、学生批评指正。

苗红霞

2023 年 5 月

目　　录

第1章 三菱 PLC 基础知识

1.1 可编程控制器（PLC）介绍

可编程逻辑控制器简称可编程控制器（Programmable Logic Controller，PLC），是 PLC 控制系统的核心器件，是一种数字运算操作的电子系统，专门为在工业环境下的应用而设计。PLC 采用可以编制程序的存储器，用来执行存储逻辑运算、顺序规制、定时、计数和算术运算等操作的指令，并通过数字或模拟的输入（I）和输出（O）接口，控制各种类型的机械设备或生产过程。

在 PLC 控制系统中，PLC 用软件代替大量的中间继电器和时间继电器，仅剩下与输入和输出有关的少量硬件，电气接线可减少到同等规模的继电接触器控制系统的 1/100～1/10，从而使得因触点或接线接触不良造成的故障大为减少。高可靠性是电气控制设备的关键性能，PLC 由于采用现代大规模集成电路技术和严格的生产制造工艺，内部电路采用了先进的抗干扰技术，因此具有很高的可靠性。此外，PLC 带有硬件故障自我检测功能，出现故障时可及时发出警报信息。在应用软件中，应用者还可以编制外围器件的故障自诊断程序，使系统中除 PLC 外的电路及设备也获得故障自诊断保护。

1.2 PLC 的结构及工作原理

1. PLC 的硬件系统结构

PLC 的类型繁多，其功能和指令系统不尽相同，但结构与工作原理则大同小异，通常由主机、输入/输出（I/O）接口、电源、外部设备接口和 I/O 扩展接口等主要部分组成。PLC 的硬件系统结构如图 1-1 所示。

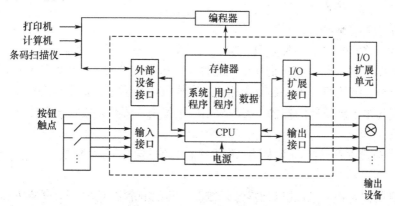

图 1-1　PLC 的硬件系统结构

（1）中央处理单元（CPU）

中央处理单元（Central Processing Unit，CPU）是 PLC 的控制中枢，是 PLC 的核心，起神经中枢的作用，每套 PLC 至少有一个 CPU。CPU 按照 PLC 控制系统程序赋予的功能接收并存储从编程器输入的用户程序和数据，检查电源、存储器、I/O 及定时器的状态，并能诊断用户程序中的语法错误。当 PLC 投入运行时，首先 CPU 以扫描的方式接收现场各输入装置的状态和数据，并分别存入 I/O 映像区，其次从程序存储器中逐条读取用户程序，经过命令解释后，按指令的规定执行逻辑或算术运算，并将结果送入 I/O 映像区或寄存器内。等所有的用户程序执行完毕后，最后将 I/O 映像区的各输出状态或寄存器内的数据传送到相应的输出装置。如此循环运行，直到 PLC 停止工作。

为了进一步提高 PLC 的可靠性，大型 PLC 还采用双 CPU 构成冗余系统，或采用三 CPU 构成表决式系统，这样，即使某个 CPU 出现故障，整个系统也仍能正常运行。CPU 的速度和内存容量是 PLC 的重要参数，它们决定着 PLC 的工作速度、I/O 数量及软件容量等，因此限制了 PLC 的控制规模。

（2）输入/输出（I/O）接口

PLC 与电气回路的接口是通过输入/输出（I/O）模块完成的。I/O 模块集成了 PLC 的 I/O 电路，其输入暂存器反映输入信号的状态，输出结果反映输出锁存器的状态。输入模块将电信号变换成数字信号进入 PLC 控制系统，输出模块则相反。I/O 模块分为开关量输入（DI）、开关量输出（DO）、模拟量输入（AI）、模拟量输出（AO）等模块。

输入接口接收输入设备（如按钮、传感器、触点、行程开关等）的控制信号，输出接口将经过 CPU 处理后的结果通过功放电路去驱动输出设备（如接触器、电磁阀、指示灯等）。

（3）电源

PLC 的电源为 PLC 电路提供工作电源，在整个 PLC 控制系统中起着十分重要的作用。一个良好可靠的电源是 PLC 最基本的保障。一般交流电压波动在+10%（+15%）范围内，可以不采取其他措施而将 PLC 直接连接到交流电网上去。电源输入类型有交流电源（220V AC 或110V AC）、直流电源（常用的为 24V DC）。

（4）外部设备接口

外部设备接口的主要作用是实现 PLC 与外部设备之间的数据交换（通信），其形式多样，最基本的有 USB、RS-232、RS-422/RS-485 等标准串行接口。可以通过多芯电缆、双绞线、同轴电缆、光缆等进行连接。例如，计算机可通过 SC-09 电缆连接三菱 FX 系列 PLC，对 PLC 进行编程、调试、监控等操作。

2. PLC 的工作原理

PLC 是采用"顺序扫描，不断循环"的方式进行工作的。即在 PLC 运行时，CPU 根据用户按控制要求编制好并存于程序存储器中的程序，按指令步序号（或地址号）做周期性循环扫描，如无跳转指令，则从第一条指令开始逐条顺序执行用户程序，直至程序结束。然后重新返回第一条指令，开始下一轮新的扫描。在每次扫描过程中，还要完成对输入信号的采样和对输出状态的刷新等工作。

PLC 的一个扫描周期必经输入采样、程序执行和输出刷新三个阶段。

（1）输入采样

在输入采样阶段，PLC 首先以扫描方式按顺序将所有暂存在输入锁存器中的输入接口的通断状态或输入数据读入，并将其写入各对应的输入状态寄存器中，即刷新输入。随即关闭输入接口，进入程序执行阶段。

（2）程序执行

在程序执行阶段，PLC 按用户程序指令存放的先后顺序扫描执行各条指令，经相应的运算和处理后,其结果再写入输出状态寄存器中,输出状态寄存器中的所有内容随着程序的执行而改变。

(3) 输出刷新

当所有指令执行完毕时,输出状态寄存器的通断状态在输出刷新阶段送至输出锁存器中,并通过一定的方式(继电器、晶体管或晶闸管)输出,驱动相应的输出设备工作。

1.3　三菱 PLC 的应用领域和应用特点

1. 应用领域

目前,三菱 PLC 在国内外已广泛应用于钢铁、石油、化工、电力、建材、机械制造、汽车、轻纺、交通运输、环保及文化等各个行业,使用情况大致可归纳为开关量的逻辑控制、模拟量控制、运动控制、过程控制、数据处理、通信及联网等方面。

2. 应用特点

(1) 可靠性高,抗干扰能力强

高可靠性是电气控制设备的关键性能。三菱 PLC 由于采用现代大规模集成电路技术,采用严格的生产工艺制造,内部电路采取了先进的抗干扰技术,具有很高的可靠性。例如,三菱 F 系列 PLC 的平均无故障时间高达 30 万小时,一些使用冗余 CPU 的三菱 PLC 的平均无故障时间则更长。从三菱 PLC 的机外电路来说,使用 PLC 构成的控制系统和同等规模的继电接触器系统相比,电气接线及开关接点已减少数百分之一甚至数千分之一,因此故障也大大减少。此外,三菱 PLC 带有硬件故障自我检测功能,出现故障时可及时发出警报信息。在应用软件中,用户还可以编制外围设备的故障自诊断程序,使系统中除三菱 PLC 外的电路及设备也获得故障自诊断保护。

(2) 配套齐全,功能完善,适用性强

三菱 PLC 发展到今天,已经形成了大、中、小各种规模的系列化产品,可以用于各种规模的工业控制场合。除逻辑处理功能外,三菱 PLC 大多具有完善的数据运算能力,可用于各种数字控制领域。近年来,三菱 PLC 的功能单元大量涌现,使三菱 PLC 渗透到位置控制、温度控制、CNC 等各种工业控制中。加上 PLC 通信能力的增强及人机界面技术的发展,使用三菱 PLC 组成各种控制系统变得非常容易。

(3) 易学易用,深受工程技术人员欢迎

PLC 作为通用工业控制计算机,是面向工矿企业的工控设备。其接口容易,编程语言易于为工程技术人员接受。梯形图语言的图形符号与表达方式和继电接触器控制电路图相当接近,只用三菱 PLC 的少量开关量逻辑控制指令就可以方便地实现继电接触器控制电路的功能,为不熟悉电子电路、不懂计算机原理和汇编语言的人使用计算机从事工业控制打开了方便之门。

(4) 系统的设计、建造工作量小,维护方便,容易改造

三菱 PLC 用存储逻辑代替接线逻辑,大大减少了控制设备外部的接线,使控制系统设计及建造的周期大为缩短,同时维护也变得容易。更重要的是,使同一设备通过改变程序从而改变生产过程成为可能,这很适合多品种、小批量的生产场合。

(5) 体积小,重量轻,能耗低

以新近出产的超小型三菱 PLC 为例,其底部长度小于 100mm,重量小于 150g,功耗仅为数瓦。由于体积小,很容易装入控制系统内部,是实现机电一体化的理想控制设备。

1.4 三菱 PLC 的编程元件和编程语言

三菱 PLC 是采用软件编制程序来实现控制要求的。编程时要使用到各种编程元件，它们可提供无穷多对动合和动断触点。编程元件包括输入继电器、输出继电器、辅助继电器、定时器、计数器、通用寄存器、数据寄存器及特殊功能继电器等。

例如，FX3U-48MR PLC 编程元件的编号范围与功能说明见表 1-1。

表 1-1 FX3U-48MR PLC 编程元件的编号范围与功能说明

元件名称	代表字母	编号范围	功能说明
输入继电器	X	X0~X27 共 24 点	接收外部输入设备的信号
输出继电器	Y	Y0~Y27 共 24 点	输出程序执行结果并驱动外部设备
辅助继电器	M	M0~M499 共 500 点	一般用辅助继电器
		M500~M1023 共 524 点	可变保持型辅助继电器
		M1024~M7679 共 6656 点	固定保持用辅助继电器
		M8000~M8511 共 512 点	特殊用辅助继电器
状态继电器	S	S0~S9 共 10 点	初始化状态用
		S10~S499 共 490 点	一般用状态继电器
		S500~S899 共 400 点	可变保持型状态继电器
		S900~S999 共 100 点	信号报警用状态继电器
		S1000~S4095 共 3095 点	保持用状态继电器
定时器	T	T0~T191 共 192 点	100ms 定时器
		T192~199 共 8 点	100ms 子程序、中断子程序用定时器
		T200~T245 共 46 点	10ms 定时器
		T246~T249 共 4 点	1ms 累计型定时器
		T250~T255 共 6 点	100ms 累计型定时器
		T256~T511 共 256 点	1ms 定时器
计数器	C	C0~C99 共 100 点	一般用增计数器
		C100~C199 共 100 点	保持用增计数器
		C200~C219 共 20 点	一般用双向计数器
		C220~C234 共 15 点	保持用双向计数器
高速计数器		C235~C245	单相单计数输入计数器
		C246~C250	单相双计数输入计数器
		C251~C255	双相双计数输入计数器
数据寄存器	D	D0~D199	一般用数据寄存器
		D200~D511	保持用数据寄存器
		D512~D7999	保持用数据寄存器
		D8000~D8511	特殊用数据寄存器

所谓程序编制，就是用户根据控制对象的要求，利用 PLC 厂家提供的程序编制语言，将一个控制要求描述出来的过程。PLC 最常用的程序编制语言是梯形图和指令语句表。

1. 梯形图（语言）

梯形图是一种从继电接触器控制电路图演变而来的图形语言。它是借助类似于继电器的动合触点、动断触点、线圈以及串联、并联等术语和符号，根据控制要求连接而成的表示 PLC 输入和输出之间逻辑关系的图形，直观易懂。

在梯形图中，常用图形符号 ─┤├─、─┤/├─ 分别表示 PLC 编程元件的动合和动断触点，用 ─○─ 表示线圈。在梯形图中，编程元件的种类用图形符号及标注的字母或数字加以区别。FX 系列 PLC 梯形图结构及说明见表 1-2。

表 1-2　FX 系列 PLC 梯形图结构及说明

梯形图结构	说明	指令	使用装置
	常开开关	LD	X、Y、M、S、T、C
	常闭开关	LDI	X、Y、M、S、T、C
	串接常开开关	AND	X、Y、M、S、T、C
	并接常开开关	OR	X、Y、M、S、T、C
	并接常闭开关	ORI	X、Y、M、S、T、C
	上升沿触发开关	LDP	X、Y、M、S、T、C
	下降沿触发开关	LDF	X、Y、M、S、T、C
	上升沿触发串接	ANDP	X、Y、M、S、T、C
	下降沿触发串接	ANDF	X、Y、M、S、T、C
	上升沿触发并接	ORP	X、Y、M、S、T、C
	下降沿触发并接	ORF	X、Y、M、S、T、C
	区块串接	ANB	无

梯形图结构	说明	指令	使用装置
	区块并接	ORB	无
	多重输出	MPS MRD MPP	无
	线圈驱动输出指令	OUT	Y、M、S
	步进梯形	STL	S
	反向逻辑	INV	无

2. 指令语句表

指令语句表是一种用指令助记符来编制 PLC 程序的语言，它类似于计算机的汇编语言，但比汇编语言易懂易学，若干条指令组成的程序就是指令语句表。一条指令语句由步序号、指令语句和作用器件编号三部分组成。

PLC 的编程基本上分为 6 个步骤。

（1）决定系统所需的动作及次序

当使用 PLC 时，最重要的一环是决定系统所需的输入量及输出量，这主要取决于系统所需的输入及输出器件数量。然后决定控制先后、各器件相应关系及做出何种反应。

（2）将输入和输出器件编号

每一个输入和输出器件（包括定时器、计数器、内置继电器等）都有唯一的对应编号，不能混用。

（3）画出梯形图

根据控制系统的动作要求，画出梯形图。梯形图设计规则如下：

① 触点应画在水平线上，不能画在垂直分支上。应根据自左至右、自上而下的原则和对输出线圈的几种可能控制路径来画。

② 不包含触点的分支应放在垂直方向，不可放在水平位置，以便于识别触点的组合和对输出线圈的控制路径。

③ 当几个串联回路相并联时，应将触头多的那个串联回路放在梯形图的最上面。当几个并联回路相串联时，应将触点最多的并联回路放在梯形图的最左面。这种安排，所编制的程序简洁明了，语句较少。

④ 不能将触点画在线圈的右边，即只能在触点的右边接线圈。

（4）将梯形图转化为指令程序

在画成梯形图以后，下一步就是把它编码成 PLC 能识别的程序。这种程序由地址、控制语句和数据组成。地址是控制语句及数据所存储的位置，控制语句告诉 PLC 怎样利用数据做出相应的动作。

（5）输入程序

在编程方式下用键盘输入程序。

（6）编译、测试并保存程序

编译控制程序，测试控制程序的错误并修改，并保存完整的控制程序。

1.5 三菱 PLC 的输出方式

三菱 FX3U PLC 有两种不同的输出模式，一种为 DC 晶体管集电极输出结构，当对应的输出端使能时，此输出端与 COM 之间等效为开关通路，不使能时，输出端为高阻状态。另一种为继电器输出结构，同一组内的继电器的一端全部连在一起，作为 COM 端，另一端为输出端。这种结构的输出端应用于交直流电路均可。但用于脉冲量输出时，继电器不能承受高速的开关吸合，这会大大缩短 PLC 的使用寿命。

1.6 三菱 PLC 的基本编程指令

基本指令是 PLC 中最基本的编程指令，掌握了它也就初步掌握了 PLC 的使用方法，各种型号 PLC 的基本指令都大同小异。FX2N PLC 共有 27 条基本指令，基本指令一般由助记符和操作元件组成，助记符是每一条基本指令的符号，它表明操作功能；操作元件是被操作的对象。有些基本指令只有助记符，没有操作元件。

1.6.1 LD、LDI、OUT 指令

1. LD 指令

LD 指令称为"取指令"，用于动合触点逻辑运算开始，即动合触点与梯形图左母线连接，其操作元件为 X、Y、M、S、T、C。图 1-2 所示为 LD 指令在梯形图中的表示。

图 1-2　LD 指令在梯形图中的表示

2. LDI 指令

LDI 指令称为"取反指令"，用于动断触点逻辑运算开始，即动断触点与梯形图左母线连接，其操作元件为 X、Y、M、S、T、C。

3. OUT 指令

OUT 指令称为"输出指令"或"驱动指令"，用于输出逻辑运算结果，也就是根据逻辑运算结果去驱动一个指定的线圈，其操作元件为 Y、M、S、T、C。图 1-3 所示为 OUT 指令在梯形图中的表示。

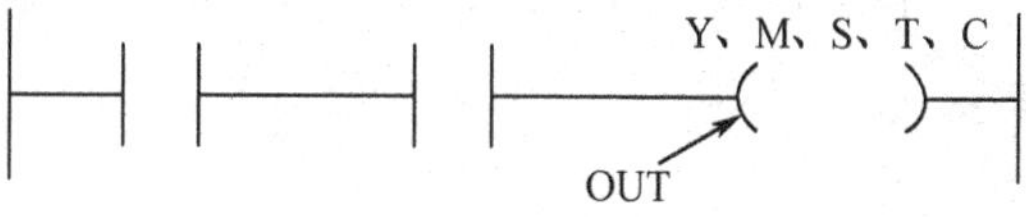

图 1-3　OUT 指令在梯形图中的表示

对于定时器的计时线圈或计数器的计数线圈，使用 OUT 指令后，必须设定常数 K。此外，也可用数据寄存器编号间接指定。

常数 K 的设定范围、实际的设定值及相对于 OUT 指令的程序步数（包含设定值）见表 1-3。

表 1-3 常数 K 的设定范围、实际的设定值及步数

定时器、计数器	K 的设定范围	实际的设定值	步数
1ms 定时器	1～32767	0.001～32.767s	3
10ms 定时器	1～32767	0.01～327.67s	3
100ms 定时器		0.1～3276.7s	
16 位计数器	1～32767	1～32767	3
32 位计数器	−2147483648～2147483647	−2147483648～2147483647	5

注意：

① LD 和 LDI 指令用于将动合和动断触点接到左母线上。

② LD 和 LDI 指令在电路块分支起点处也使用。

③ LD、LDI 指令既可用于输入左母线相连的触点，也可与 ANB、ORB 指令配合实现块逻辑运算。

④ LD、LDI 指令的操作元件为 X、Y、M、T、C、S。

⑤ OUT 指令是对输出继电器、辅助继电器、状态继电器、定时器、计数器的线圈驱动指令，不能用于驱动输入继电器，因为输入继电器的状态是由输入信号决定的。

⑥ OUT 指令可作多次并联使用。

1.6.2 AND、ANI 指令

1. AND 指令

AND 指令称为"与指令"，用于使继电器的动合触点与其他继电器的触点串联，其操作元件为 X、Y、M、S、T、C。图 1-4 所示为 AND 指令在梯形图中的表示。

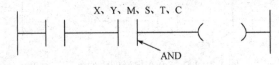

图 1-4 AND 指令在梯形图中的表示

2. ANI 指令

ANI 指令称为"与非指令"，用于使继电器的动断触点与其他继电器的触点串联，其操作元件为 X、Y、M、S、T、C。图 1-5 所示为 ANI 指令在梯形图中的表示。

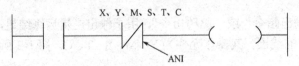

图 1-5 ANI 指令在梯形图中的表示

1.6.3 OR、ORI 指令

1. OR 指令

OR 指令称为"或指令"，用于使继电器的动合触点与其他继电器的触点并联，其操作元件

为 X、Y、M、S、T、C。图 1-6 所示为 OR 指令在梯形图中的表示。

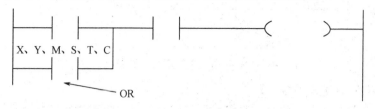

图 1-6　OR 指令在梯形图中的表示

2．ORI 指令

ORI 指令称为"或非指令"，用于使继电器的动断触点与其他继电器的触点并联，其操作元件为 X、Y、M、S、T、C。图 1-7 所示为 ORI 指令在梯形图中的表示。

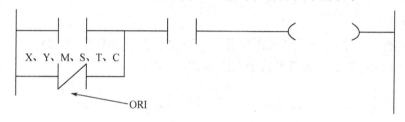

图 1-7　ORI 指令在梯形图中的表示

3．指令说明

① OR、ORI 指令是用作触点的并联连接指令。

② OR、ORI 指令可以连续使用，并且不受使用次数的限制。

③ OR、ORI 指令从该指令的步开始，与前面的 LD、LDI 指令步进行并联连接。

④ 当继电器的动合触点或动断触点与其他继电器的触点组成的混联电路块并联时，也可以用这两个指令。

1.6.4　LDP、LDF、ANDP、ANDF、ORP、ORF 指令

1．LDP、ANDP、ORP 指令

LDP、ANDP、ORP 指令是进行上升沿检测的触点指令，仅在指定位软元件上升沿时（由 OFF→ON 变化时）接通一个扫描周期，其表示方法为触点的中间有一个向上的箭头。

（1）LDP 指令

LDP 指令称为"取脉冲上升沿指令"，用于上升沿检出运算开始，其操作元件为 X、Y、M、S、T、C。图 1-8 所示为 LDP 指令在梯形图中的表示。

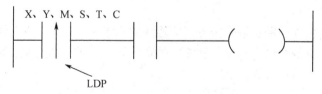

图 1-8　LDP 指令在梯形图中的表示

（2）ANDP 指令

ANDP 指令称为"与脉冲上升沿指令"，用于上升沿检出串联连接，其操作元件为 X、Y、M、S、T、C。图 1-9 所示为 ANDP 指令在梯形图中的表示。

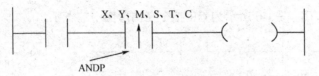

图 1-9 ANDP 指令在梯形图中的表示

2. LDF、ANDF、ORF 指令

LDF、ANDF、ORF 指令是进行下降沿检测的触点指令,仅在指定位软元件下降沿时(由 ON→OFF 变化时)接通一个扫描周期,其表示方法为触点的中间有一个向下的箭头。

(1)LDF 指令

LDF 指令称为"取脉冲下降沿指令",用于下降沿检出运算开始,其操作元件为 X、Y、M、S、T、C。

(2)ANDF 指令

ANDF 指令称为"与脉冲下降沿指令",用于下降沿检出串联连接,其操作元件为 X、Y、M、S、T、C。图 1-10 所示为 ANDF 指令在梯形图中的表示。

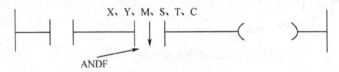

图 1-10 ANDF 指令在梯形图中的表示

(3)ORF 指令

ORF 指令称为"或脉冲下降沿指令",用于下降沿检出并联连接,其操作元件为 X、Y、M、S、T、C。图 1-11 所示为 ORF 指令在梯形图中的表示。

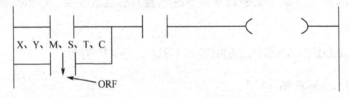

图 1-11 ORF 指令在梯形图中的表示

1.6.5 ANB、ORB 指令

1. ANB 指令

ANB 指令称为"电路块与指令",用于电路块与电路块的串联。图 1-12 所示为 ANB 指令在梯形图中的表示。

所谓电路块,就是由几个触点按一定方式连接成的梯形图。由两个以上触点串联而成的电路块就是串联电路块,由两个以上触点并联而成的电路块就是并联电路块,触点的混联就形成了混联电路块。

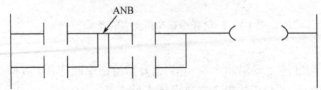

图 1-12 ANB 指令在梯形图中的表示

2. ORB 指令

ORB 指令称为"电路块或指令"，用于电路块与电路块的并联。图 1-13 所示为 ORB 指令在梯形图中的表示。

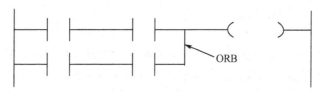

图 1-13　ORB 指令在梯形图中的表示

1.6.6　MPS、MRD、MPP 指令

堆栈指令是 FX 系列 PLC 中新增的基本指令，用于多重输出电路，为编程带来了便利。FX 系列 PLC 中有 11 个存储单元，它们专门用来存储程序运算的中间结果，被称为栈存储器。MPS、MRD、MPP 指令分别为进栈、读栈和出栈指令。MPS 指令用于将逻辑运算结果存入栈存储器；MRD 指令用于读出栈存储器的结果；MPP 指令用于取出栈存储器的结果并清除。

1. MPS 指令

MPS 指令称为"进栈指令"。使用一次 MPS 指令，可将此时刻的运算结果送入栈存储器的第一个存储单元；再使用一次 MPS 指令，可将此时刻的运算结果送入栈存储器的第一个存储单元，而原栈存储器的数据依次下移一个存储单元。该指令没有操作元件。

2. MRD 指令

MRD 指令称为"读栈指令"，它将栈存储器的第一个存储单元数据（最后进栈的数据）读出且该数据继续保存在栈存储器的第一个存储单元，栈存储器内的数据不发生移动。该指令没有操作元件。

3. MPP 指令

MPP 指令称为"出栈指令"，它将栈存储器的第一个存储单元数据读出，同时该数据消失，栈存储器内的数据依次上移一个存储单元。该指令没有操作元件。

图 1-14 所示为 MPS、MRD、MPP 指令在梯形图中的表示。

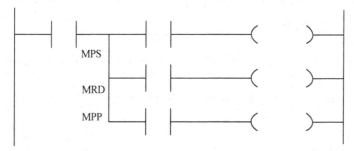

图 1-14　MPS、MRD、MPP 指令在梯形图中的表示

1.6.7　MC、MCR 指令

在编程时常会出现这样的情况，多个线圈受一个或多个触点的控制，如果在每个线圈的控制电路中都串入同样的触点，将占用多个存储单元，应用主控指令就可以解决这一问题。

1. MC 指令

MC 指令称为"主控指令"，用于公共串联触点的连接，以表示主控电路块的开始。MC 指令只能用于输出继电器 Y 和辅助继电器 M（不包括特殊辅助继电器）。通过 MC 指令的操作元件 Y 或 M 的常开触点将左母线临时移到一个所需的位置，产生一个临时左母线，形成一个主控电路块。其操作元件为 N、Y 或 M（特殊辅助继电器除外）。N 为主控指令使用次数（N0~N7），也称主控嵌套，一定要按从小到大的顺序使用。

2．MCR 指令

MCR 指令称为"主控复位指令"，用于表示主控电路块的结束。即取消临时左母线，将临时左母线返回到原来的位置，结束主控电路块。其操作元件为 N。

MCR 指令的操作元件即主控指令使用次数 N，一定要与 MC 指令中使用的嵌套层数相一致。如果是多层嵌套，则主控指令返回时，一定要按从大到小的顺序返回；如果没有嵌套，则通常用 N0 来编程，N0 表示没有使用次数限制。

1.6.8　PLS、PLF 指令

PLS、PLF 指令为脉冲微分指令，脉冲微分指令主要用于信号变化的检测，即从断开到接通的上升沿信号和从接通到断开的下降沿信号的检测。如果条件满足，则被驱动的软元件产生一个扫描周期的脉冲信号。

1．PLS 指令

PLS 指令称为"上升沿脉冲微分指令"，用于在脉冲信号的上升沿时，其操作元件的线圈得电一个扫描周期，产生一个扫描周期的脉冲输出。操作元件为 Y、M（特殊辅助继电器除外）。图 1-15 所示为 PLS 指令在梯形图中的表示。

2．PLF 指令

PLF 指令称为"下降沿脉冲微分指令"，用于在脉冲信号的下降沿时，其操作元件的线圈得电一个扫描周期，产生一个扫描周期的脉冲输出。操作元件为 Y、M（特殊辅助继电器除外）。图 1-16 所示为 PLF 指令在梯形图中的表示。

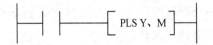
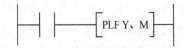

图 1-15　PLS 指令在梯形图中的表示　　　图 1-16　PLF 指令在梯形图中的表示

1.6.9　SET、RST 指令

自锁可以使动作保持，下面介绍的指令可以做到自锁控制，并且它们也是 PLC 控制系统中经常用到的比较方便的指令。

在 PLC 控制系统中，许多情况需要自锁，利用 SET 和 RST 指令可以方便地进行自锁和解锁控制。

1．SET 指令

SET 指令称为"置位指令"。它的功能为驱动线圈输出，并使动作保持，具有自锁功能。其操作元件为 Y、M、S。Y、M 为 1 个程序步，S、特殊辅助继电器为 2 个程序步。图 1-17 所示为 SET 指令在梯形图中的表示。

2．RST 指令

RST 指令称为"复位指令"。它的功能为清除保持的动作及寄存器的清零。其操作元件为 Y、M、S、T、C、D、V、Z。Y、M 为 1 个程序步，S、特殊辅助继电器、T、C 为 2 个程序

步，D、V、Z、特殊数据寄存器为 3 个程序步。图 1-18 所示为 RST 指令在梯形图中的表示。

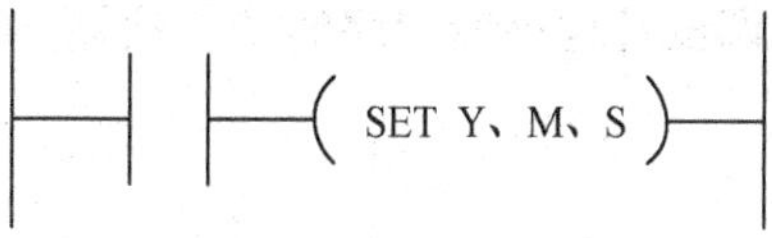

图 1-17　SET 指令在梯形图中的表示 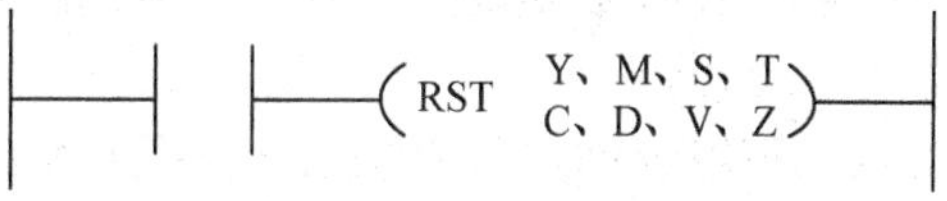　　　　图 1-18　RST 指令在梯形图中的表示

1.6.10　INV 指令

INV 指令是将执行 INV 指令之前的运算结果反转的指令，无操作元件。执行该指令后，将原来的运算结果取反。使用时，应注意 INV 指令不能像 LD、LDI、LDP、LDF 指令那样与母线连接，也不能像 OR、ORI、ORP、ORF 指令那样单独并联使用。图 1-19 所示为 INV 指令在梯形图中的表示。

图 1-19　INV 指令在梯形图中的表示

1.6.11　NOP、END 指令

1．NOP 指令

NOP 指令称为"空操作指令"，无任何操作元件。虽不执行操作，但占 1 个程序步。执行 NOP 时并不做任何事，有时可用 NOP 指令短接某些触点或用 NOP 指令将不要的指令覆盖。在 PLC 执行了清除程序存储器操作后，程序存储器的指令全部变为空操作指令。

NOP 指令的主要功能是在调试程序时，用其取代一些不必要的指令，即删除由这些指令构成的程序。另外，在程序中使用 NOP 指令，可延长扫描周期。若在普通指令与指令之间加入 NOP 指令，PLC 可继续工作，就如没有加入 NOP 指令一样；若在程序执行过程中加入 NOP 指令，则在修改或追加程序时可减少步序号的变化。

2．END 指令

END 指令称为"结束指令"，无操作元件，表示程序结束。若程序的最后不写 END 指令，则 PLC 不管实际用户程序多长，都从程序存储器的第一步执行到最后一步；若有 END 指令，则当扫描到 END 指令时，结束执行程序，这样可以缩短扫描周期。在程序调试时，可在程序中插入若干 END 指令，将程序划分为若干段，在确定前面程序段无误后，依次删除 END 指令，直至调试结束。程序中执行到 END 指令后，END 指令后面的指令不予执行，直接返回到 0 步。在调试程序时，可以插入 END 指令，使得程序分段，提高程序的调试速度。图 1-20 所示为 END 指令在梯形图中的表示。

说明：

① 在将程序全部清除时，程序存储器内的指令全部成为 NOP 指令；

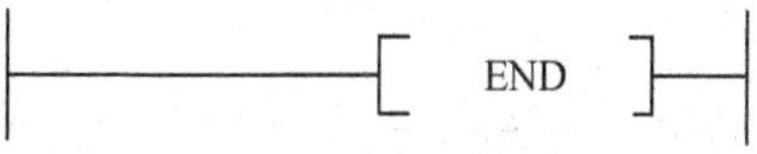

图 1-20　END 指令在梯形图中的表示

② 若将已经写入的指令换成 NOP 指令，则电路会发生变化；

③ PLC 反复进行输入处理、程序执行、输出处理，若在程序的最后写入 END 指令，则 END 指令以后的其余程序步不再执行，而直接进行输出处理；

④ 在程序中无 END 指令时，PLC 处理完其全部的程序步；

⑤ 在调试期间，在各程序段插入 END 指令，可依次调试各程序段程序的动作功能，确认后再删除各 END 指令；

⑥ PLC 开始运行时，是从 END 指令开始的；

⑦ 执行 END 指令时，也刷新监视定时器，以检测扫描周期是否过长。

1.7 三菱 PLC 常用梯形图编程范例

1.7.1 常用基本指令启动、停止及自保范例

有些应用场合需要利用按钮的瞬时闭合及瞬时断开作为设备的启动和停止操作，因此若要维持持续动作，则必须设计自保回路，自保回路有下列几种方式。

1. 停止优先的自保回路

如图 1-21 所示，当启动常开触点 X1=ON，停止常闭触点 X2=OFF 时，Y1=ON，此时 X2=ON，则线圈 Y1 停止受电，所以称为停止优先。

2. 启动优先的自保回路

如图 1-22 所示，启动常开触点 X1=ON，停止常闭触点 X2=OFF 时，Y1=ON，线圈 Y1 将受电且自保，此时 X2=ON，线圈 Y1 仍因自保触点而持续受电，所以称为启动优先。

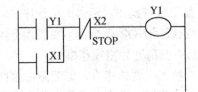
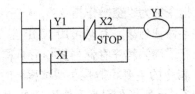

图 1-21　停止优先的自保程序梯形图　　　　图 1-22　启动优先的自保程序梯形图

3. 置位（SET）、复位（RST）指令的自保回路

如图 1-23 所示，利用 RST 及 SET 指令组成自保电路。RST 指令设置在 SET 指令之后，为停止优先。由于 PLC 是由上而下执行程序的，因此会以程序最后 Y1 的状态作为 Y1 的线圈是否受电。所以当 X1 与 X2 同时动作时，Y1 将失电，因此为停止优先。

SET 指令设置在 RST 指令之后，为启动优先。当 X1 与 X2 同时动作时，Y1 将受电，因此为启动优先。

4. 停电保持

如图 1-24 所示，辅助继电器 M512 为停电保持，则如图的电路不仅在通电状态下能自保，而且即使停电再复电，也能保持停电的自保状态，因而使原控制保持连续性。

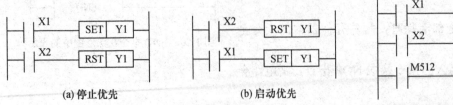

　　(a) 停止优先　　　　　　　　　(b) 启动优先

图 1-23　置位、复位指令自保程序梯形图　　　图 1-24　停电保持程序梯形图

1.7.2 常用控制回路指令范例

1. 条件控制

如图 1-25 所示，X1、X3 分别启动/停止 Y1，X2、X4 分别启动/停止 Y2，而且均有自保回路。由于 Y1 的常开触点串联了 Y2 的电路，成为 Y2 动作的一个 AND 条件，所以 Y2 动作要以 Y1 动作为条件，Y1 动作中 Y2 才可能动作。

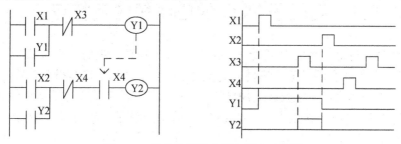

图 1-25　条件控制梯形图和程序时序图

2. 互锁控制

如图 1-26 所示，启动触点 X1、X2 哪一个先有效，对应的输出 Y1、Y2 将先动作，而且其中一个动作了，另一个就不会动作，也就是说 Y1、Y2 不会同时动作（互锁作用）。即使 X1、X2 同时有效，由于梯形图是自上而下扫描的，Y1、Y2 也不可能同时动作，本梯形图只让 Y1 优先。

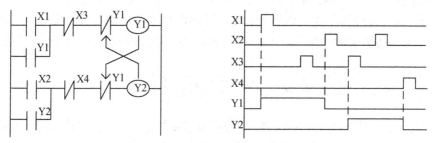

图 1-26　互锁控制梯形图和程序时序图

3. 顺序控制

若把图 1-25 中 Y2 的常闭触点串入 Y1 的电路中，作为 Y1 动作的一个 AND 条件，如图 1-27 所示，则这个电路不仅是 Y1 作为 Y2 动作的条件，而且在 Y2 动作后还能停止 Y1 的动作，这样就使 Y1 与 Y2 执行顺序动作的程序。

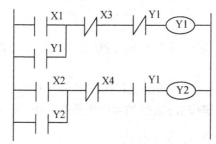

图 1-27　顺序控制梯形图

第2章 西门子PLC基础知识

2.1 西门子PLC的应用领域及特点

西门子 PLC 是性价比最高的 PLC 之一，在国内外的钢铁、电力、石油化工、汽车制造、烟草、机械加工、环保、交通运输和建材、文化娱乐和电子产品制造等很多领域都有其应用。西门子 PLC 采用先进的生产工艺及超大规模集成电路，其产品具有非常简单的编程方法，且功能强大、性价比高、维护工作量小、可靠性强、能耗低及抗干扰能力强、系统的设计安装调试简便等特点。

2.2 西门子PLC简介

西门子 PLC 集微电子技术、计算机技术及通信技术等的最新成果于一体，深受广大技术人员的欢迎，现有 PLC 的产品种类有 LOGO、S7-200、S7-1200、S7-300、S7-400、S7-1500 等。S7-200 PLC 是超小型 PLC，可提供 4 个不同的基本型号与 8 种 CPU 供选择使用，能实现复杂的控制功能。S7-300 PLC 则是模块化小型 PLC，能够满足中等性能要求的应用。S7-400 PLC 属于大型 PLC，具有强大的控制功能和强大的运算能力，可完成规模很大的控制任务。

2.3 指令组成

指令是能执行的一种基本操作的描述，是程序的基本单元。用户程序是由若干条顺序排列的指令构成的，对应语句表（STL）和梯形图（LAD）两种编程语言。

2.3.1 语句表指令

一条语句表指令由一个操作码和一个操作数组成。例如，O I1.2 是一条位逻辑操作指令，其中，"O" 是操作码，它表示执行 "或" 操作；"I1.2" 是操作数，它指出这是对输入继电器 I1.2 进行的操作。

（1）操作码

操作码给出要执行的功能，它告诉 PLC 的 CPU 应该做什么动作。

（2）操作数

操作数由标识符和参数组成。操作数为执行操作所需要的信息，它告诉 CPU 操作的对象是什么。但是有些语句指令不带操作数，它们的操作数是唯一的，隐含在指令当中，例如 "NOT" 就是对逻辑操作结果（RLO）取反。

2.3.2 梯形图指令

梯形图指令用图形元素表示 PLC 要完成的操作。在 LAD 中，其操作码是用图文表示的，该图文形象地表明了 CPU 做什么，操作数的表示方法基本上和语句表指令相同。例如：

Q0.0

——(S)——

在该梯形图指令中，——(S)——可以作为操作码，表示一个二进制的置位指令；Q0.0 是操作数，表示置位的对象。梯形图指令也可以将操作数隐含其中。

2.4　位逻辑指令

位逻辑指令处理两个数字："1"和"0"，这两个数字构成二进制数字系统的基础。数字"1"和"0"称为二进制数字或二进制位，可代表输入触点的闭合和断开，或者输出线圈的通电和断电。位逻辑指令的功能就是采集输入/输出信号状态（1 或者 0），并根据布尔逻辑对它们进行组合运算，再将逻辑运算结果（1 或者 0）存储在状态字寄存器的 RLO 位上或输出线圈位上，如位存储器 M 或输出映像存储器 Q 等。

位逻辑指令的类型及其含义如表 2-1 和表 2-2 所示。

表 2-1　LAD 位逻辑指令表

LAD 位逻辑指令	说明
——┤├——	常开触点
——┤/├——	常闭触点
——(SAVE)——	将 RLO 存入 BR 存储器
XOR	位异或
——( )——	输出线圈
——(#)——	中间输出
——┤NOT├——	信号流反向
——(S)——	线圈置位
——(R)——	线圈复位
SR	复位优先触发器
RS	置位优先触发器
——(N)——	RLO 下降沿检测
——(P)——	RLO 上升沿检测
NEG	地址下降沿检测
POS	地址上升沿检测

表 2-2　STL 位逻辑指令表

STL 位逻辑指令		说明
基本 STL 位逻辑指令	A	与
	AN	与非
	O	或
	ON	或非
	X	异或
	XN	异或非
	O	先与后或

STL 位逻辑指令		说明
嵌套 STL 位逻辑指令	A(	与操作嵌套开始
	AN(	与非操作嵌套开始
	O(	或操作嵌套开始
	ON(	或非操作嵌套开始
	X(	异或操作嵌套开始
	XN(	异或非操作嵌套开始
	)	嵌套闭合
其他 STL 位逻辑指令	=	赋值
	CLR	RLO 清零
	FN	下降沿检测
	FP	上升沿检测
	NOT	RLO 取反
	R	复位
	S	置位
	SAVE	将 RLO 存入 BR 寄存器
	SET	RLO 置位

2.4.1 触点和线圈指令

在 LAD 中，通常使用类似继电接触器控制电路中的触点符号及线圈符号来表示触点和线圈指令，触点有常开触点和常闭触点，线圈有输出线圈和中间输出线圈。

触点指令表示一个位信号的状态，地址可以选择 I、Q、M、DB、L 数据区。在 LAD 中，常开触点符号为┤├，与继电器的常开触点相似，对应的元件被操作时，其常开触点闭合，否则对应的常开触点复位，即触点仍处于断开状态。常闭触点符号为┤/├，与继电器的常闭触点相似，对应的元件被操作时，其常闭触点断开，否则，对应的常闭触点复位，即触点保持闭合状态。

线圈指令对一个位信号进行赋值，地址可以选择 Q、M、DB、L 数据区，线圈可以作为输出信号、程序处理的中间点，当触发条件满足时，线圈被赋值为 1，当条件不满足时，线圈被赋值为 0。在 LAD 中，线圈输出指令为─( )，与继电接触器控制电路中继电器的线圈一样，如果有电流（信号流）流过线圈（RLO＝1），则元件被驱动，与其对应的常开触点闭合、常闭触点断开；如果没有电流流过线圈（RLO＝0），则元件被复位，与其对应的常开触点断开、常闭触点闭合。输出线圈总是在程序段的最右边，输出线圈等同于 STL 程序中的赋值指令（用等号＝表示）。

在梯形图设计中，如果一个逻辑串很长，不便于编辑或者需要得到逻辑处理的中间状态，可以使用中间输出指令─(#)─将逻辑串分成几段，前一段的逻辑运算结果可以作为中间输出存储在存储器 M 中，该存储位可以当作一个触点出现在其他的逻辑串中，中间输出只能放在梯形图逻辑串的中间，不能出现在逻辑串的两端。

图 2-1 所示的示例说明了触点、线圈及中间输出指令的用法。该例中，图 2-1（a）中间指令的作用就是将此处的 RLO 值保存在存储器 M0.0 中，以便图 2-1（b）中使用该存储器。一

般中间指令用在复杂的逻辑串中，简单的逻辑串一般都等效于图 2-1（c），采用输出线圈连续使用的方法来编写程序。

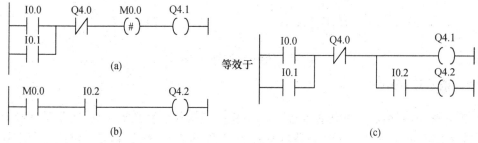

图 2-1 触点、线圈及中间输出指令示例

2.4.2 基本逻辑指令

基本逻辑指令有与、或、异或和取反。

逻辑与指令在梯形图中用串联的触点回路表示，只有当两个触点的输入状态都为 1 时，输出为 1。两者中，只要有一个为 0，则输出就为 0。逻辑与指令在 STL 指令中的“A”表示对原变量（常开触点）执行逻辑与操作，“AN”表示对反变量（常闭触点）执行逻辑与操作。

图 2-2 说明了逻辑与指令的用法，其中包括“A”和“AN”的不同。

```
A   I  0.2
AN  I  0.3
=   Q  4.3
```

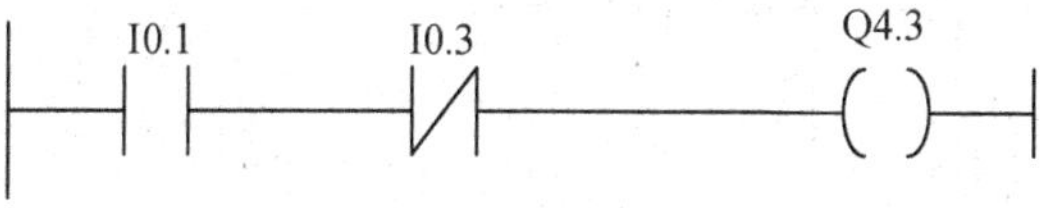

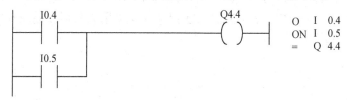

图 2-2 逻辑与指令示例

逻辑或指令在梯形图中用并联的触点回路表示，只要有一个触点的输入状态为 1，则输出就为 1；若两者都为 0，则输出为 0。逻辑或指令在 STL 指令中的“O”表示对原变量（常开触点）执行逻辑或操作，“ON”表示对反变量（常闭触点）执行逻辑或操作。

图 2-3 说明了逻辑或指令的用法，其中包括“O”和“ON”的不同。

```
O   I  0.4
ON  I  0.5
=   Q  4.4
```

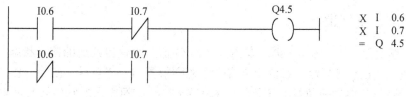

图 2-3 逻辑或指令示例

逻辑异或指令：只有当一个触点的输入状态为 1，另一个触点的输入状态为 0 时，输出为 1；如果两个触点状态同时为 1 或同时为 0，则输出为 0。在 STL 指令中的“X”表示对原变量（常开触点）执行逻辑异或操作，“XN”表示对反变量（常闭触点）执行逻辑异或操作。

图 2-4 说明了逻辑异或指令的用法，图 2-5 说明了逻辑同或指令的用法。

```
X  I  0.6
X  I  0.7
=  Q  4.5
```

图 2-4 逻辑异或指令示例

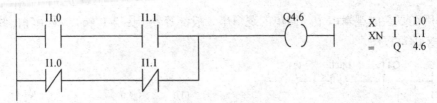

图 2-5 逻辑同或指令示例

2.4.3 嵌套指令

与运算嵌套开始 A(、与非运算嵌套开始 AN(、或操作嵌套开始 O(、或非运算嵌套开始 ON(、异或运算嵌套开始 X(、同或运算嵌套开始 XN(可以将 RLO 和 OR 位及一个函数代码保存到嵌套堆栈中,最多可有 7 个嵌套堆栈输入项。

使用嵌套结束)指令,打开括号组 A(、AN(、O(、ON(、X(、XN(的语句,可以从嵌套堆栈中删除一个输入项,恢复 OR 位,根据函数代码,将包含在堆栈条目中的 RLO 与当前 RLO 互连,并将结果分配给 RLO。如果函数代码为"AND(与)"或"AND NOT(与非)",则也包括 OR 位。与嵌套指令的用法示例如图 2-6 所示。

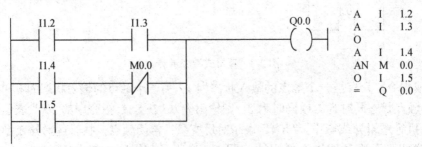

图 2-6 与嵌套指令的用法示例

先与后或指令根据先与后或规则对与运算结果执行或运算。当逻辑串是串并联的复杂组合时,CPU 的扫描顺序是先与后或,遇到括号时则先扫描括号内的指令,再扫描括号外的指令。对于 STL,先与后或的操作可不使用括号,先或后与操作则必须使用括号来改变自然扫描顺序,所以或嵌套指令很少使用。图 2-7 所示的例子就是采用先与后或的原则来编写程序的,所以可以不采用嵌套指令。

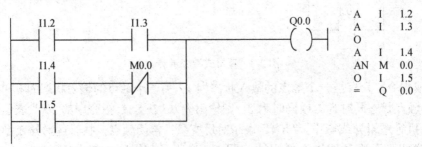

图 2-7 先与后或原则编程示例

2.4.4 置位、复位指令

置位(S)和复位(R)指令根据触发条件(RLO 值)来决定线圈的信号状态是否改变。当触发条件满足(RLO=1)时,置位指令将一个线圈值置 1,当条件不满足(RLO=0)时,线圈值保持不变,只有触发复位指令才能将线圈值复位为 0。同样当触发条件满足(RLO=1)

时，复位指令将一个线圈值置0，当条件不满足（RLO＝0）时，线圈值保持不变，只有触发置位指令才能将线圈值置位为1。置位和复位指令的使用方法如图2-8所示，其时序图如图2-9所示。

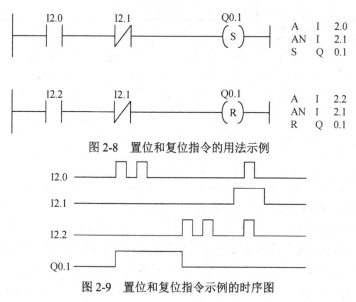

图2-8 置位和复位指令的用法示例

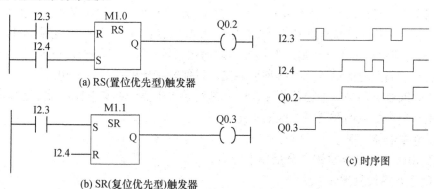

图2-9 置位和复位指令示例的时序图

2.4.5 RS和SR触发器指令

在LAD中，RS和SR触发器带有触发器优先级，RS触发器为置位优先型触发器，当置位信号S和复位信号R同时为1时，触发器最终为置位状态；SR触发器为复位优先型触发器，当置位信号S和复位信号R同时为1时，触发器最终为复位状态。

但是对于RS触发器和SR触发器，如果置位输入端（S端）为1，则触发器置位，此后即使置位输入端变为0，触发器仍然保持置位状态不变。如果复位输入端（R端）为1，则触发器复位，此后即使复位输入端变为0，触发器仍然保持复位状态不变。所以RS和SR触发器指令的基本功能与置位指令S和复位指令R的功能相同，编程时RS和SR触发器指令完全可以被置位指令和复位指令代替。图2-10中的时序图说明了RS触发器和SR触发器对R端和S端信号的响应及其优先级。

图2-10 RS触发器和SR触发器的梯形图和时序图

2.4.6 对 RLO 的直接操作指令

在 STEP 7 中，可以用表 2-3 中的指令来直接改变逻辑操作结果 RLO 的状态。

表 2-3 对 RLO 的直接操作指令

LAD 指令	STL 指令	功能	说明
—|NOT|—	NOT	取反 RLO	在逻辑串中将当前的 RLO 变反，还可令 STA 置 1
—(SAVE)	SAVE	保存 RLO	把 RLO 状态存入状态字的 BR 位中
无	SET	置位 RLO	把 RLO 无条件置 1，并结束逻辑串；使 STA 置 1，OR、$\overline{FC}$ 清零
无	CLR	复位 RLO	把 RLO 无条件置 0，并结束逻辑串；使 STA、OR、$\overline{FC}$ 清零

这几种指令的用法如图 2-11 所示。在图 2-11（a）中，设 I0.0 闭合、I0.1 断开，则 RLO 应该为 1，但经过 NOT 指令后，RLO 变为 0，所以 Q0.0 为 0（断电）。而在图 2-11（b）中，SAVE 指令将当前的 RLO 状态存入 BR 位中。这两种指令都有梯形图和语句表两种形式。而在图 2-11（c）和图 2-11（d）中，SET 和 CLR 却只有语句表形式，图中的 SET 指令使得 RLO 为 1，并将 Q0.1 和 Q0.2 赋值为 1；CLR 指令使得 RLO 为 0，并将 M1.0 和 Q0.3 赋值为 0。

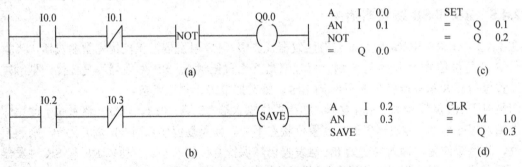

图 2-11 对 RLO 的直接操作命令示例

2.4.7 边沿检测指令

当信号状态变化时，就产生跳变沿：从 0 变到 1，产生一个上升沿（也称正跳沿）；从 1 变到 0，产生一个下降沿（也称负跳沿）。跳变沿检测的方法是：在每个扫描周期（OB1 循环扫描一周），把当前信号状态和它在前一个扫描周期的状态相比较，若不同，则表明有一个跳变沿。因此，前一个周期里的信号状态必须被存储，以便能和新的信号状态相比较。

S7-300/400 PLC 有两种边沿检测指令：一种是对逻辑串操作结果 RLO 的跳变沿检测的指令；另一种是对单个触点的跳变沿检测的指令。

1. RLO 跳变沿检测指令

RLO 跳变沿检测可分别检测上升沿和下降沿。

（1）RLO 上升沿检测指令

使用 RLO 上升沿检测指令[FP（位地址）]可以在 RLO 从 0 变为 1 时检测到一个上升沿，并以 RLO=1 显示。在每一个程序扫描周期内，RLO 的信号状态将与上一个周期中获得的 RLO 信号状态进行比较，看是否有变化，上一个周期的 RLO 信号状态必须保存在沿标志位地址中，以便进行比较。如果在当前和先前的 RLO 的 0 状态之间发生变化（检测到上升沿），则在该指令执行后，RLO 将为 1。

（2）RLO 下降沿检测指令

使用 RLO 下降沿检测指令[FN（位地址）]可以在 RLO 从 1 变为 0 时检测到下降沿，并以 RLO＝1 显示。在每一个程序扫描周期内，RLO 的信号状态将与上一个周期中获得的 RLO 信号状态进行比较，看是否有变化。上一个周期的 RLO 信号状态必须保存在沿标志位地址中，以便进行比较。如果在当前和先前的 RLO 的 1 状态之间发生变化（检测到下降沿），则在该指令执行后，RLO 将为 1。

RLO 跳变沿检测指令格式如表 2-4 所示。

表 2-4 RLO 跳变沿检测指令格式

指令命令	LAD 指令	STL 指令	操作数	数据类型	存储区
RLO 上升沿检测	（位地址） —(P)—	FP(位地址)	<位地址> 用于存储 RLO 状态	BOOL	I、Q、M、D、L
RLO 下降沿检测	（位地址） —(N)—	FN(位地址)			

图 2-12 所示为 RLO 跳变沿检测指令在 LAD 和 STL 两种情况下的用法，图 2-13 说明了该例中相关信号的时序图。从时序图可以看出，M1.1 和 M1.2 用来存储 I0.4 和 I0.5 的与逻辑运算的 RLO 的值，和当前的值进行比较，如果有上升沿，则 Q0.1 输出一个扫描周期的高电平；反之，如果有下降沿，则 Q0.2 输出一个扫描周期的高电平。

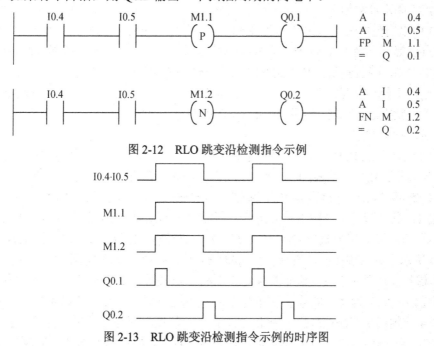

图 2-12 RLO 跳变沿检测指令示例

图 2-13 RLO 跳变沿检测指令示例的时序图

2. 触点跳变沿检测指令

触点跳变沿检测可分别检测上升沿和下降沿，其格式如表 2-5 所示。

表 2-5　触点跳变沿检测指令格式

指令名称	LAD 指令	STL 指令	操作数	存储区	数据格式
触点上升沿检测	允许 —— 〈位地址1〉 / POS / Q ; 〈位地址2〉 —— M_BIT	A(A〈位地址 1〉 FP〈位地址 2〉)	〈位地址 1〉 被检测触点状态	BOOL	I、Q、 M、D、L
触点下降沿检测	允许 —— 〈位地址1〉 / NEG / Q ; 〈位地址2〉 —— M_BIT	A(A〈位地址 1〉 FN〈位地址 2〉)	〈位地址 2〉 存储被检测触点 状态		Q、M、D
			Q 单稳输出		M、D、L

（1）触点上升沿检测指令

在 LAD 中以功能框表示，它有三个输入端，一个为连接允许输入端，而〈位地址 1〉为被检测的触点，第三个输入端 M_BIT 所接的〈位地址 2〉存储上一个扫描周期触点的状态。它有一个输出端 Q，当触点状态从 0 到 1 时，输出端 Q 接通一个扫描周期。

POS（地址上升沿检测指令）可以将〈位地址 1〉的信号状态与存储在〈位地址 2〉中的先前扫描的信号状态进行比较。如果当前的 RLO 状态为 1，而先前的状态为 0（上升沿检测），则在操作之后，RLO 将为 1。

（2）触点下降沿检测指令

在 LAD 中以功能框表示，它有三个输入端，一个为连接允许输入端，而〈位地址 1〉为被检测的触点，第三个输入端 M_BIT 所接的〈位地址 2〉存储上一个扫描周期触点的状态。它有一个输出端 Q，当触点状态从 1 到 0 时，输出端 Q 接通一个扫描周期。

NEG（地址下降沿检测指令）可以将〈位地址 1〉的信号状态与存储在〈位地址 2〉中的先前扫描的信号状态进行比较。如果当前的 RLO 状态为 0，而先前的状态为 1（下降沿检测），则在操作之后，RLO 位将为 1。

当执行触点上升沿检测指令时，CPU 将〈位地址 1〉的当前触点状态与存储在〈位地址 2〉的上次触点状态相比较。若当前为 1、上次为 0，表明有上升沿产生，则输出 Q 置 1；其余情况下，输出 Q 被清零。对于触点下降沿检测指令，若当前为 0、上次为 1，表明有下降沿产生，则输出 Q 置 1；其余情况下，输出 Q 被清零。由于不可能在相邻的两个扫描周期中连续检测到上升沿（或下降沿），因此输出 Q 只可能在一个扫描周期中保持为 1（单稳输出）。

图 2-14 所示为触点跳变沿检测指令在 LAD 和 STL 两种情况下的用法，其中语句表中的 BLD 指令与梯形图的显示有关，没有实际意义。图 2-15 说明了该例中相关信号的时序图，从时序图可以看出，I0.6 为允许信号，只有当 I0.6 为高电平时，才可进行触点跳变沿的检测，M1.3 和 M1.4 分别用来存储被测量 I1.0 和 I1.1 在上一扫描周期的值，和当前的值进行比较，如果有上升沿，则 Q0.3 输出一个扫描周期的高电平；反之，如果有下降沿，则 Q0.4 输出一个扫描周期的高电平。

另外需要注意的是，在梯形图中，触点跳变沿检测方块和前述的 RS 触发器方块可被看作一个特殊的常开触点：若 Q 为 1，则触点闭合；若 Q 为 0，则触点断开。

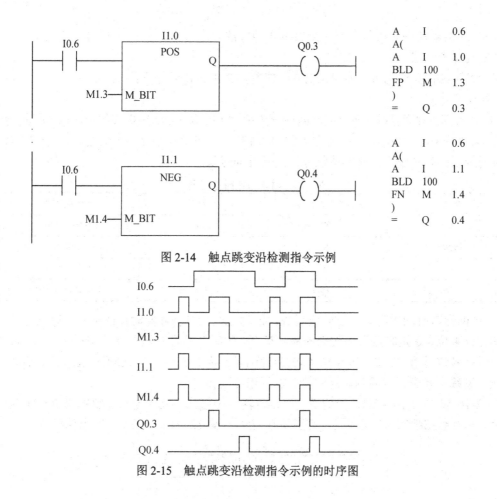

图 2-14　触点跳变沿检测指令示例

图 2-15　触点跳变沿检测指令示例的时序图

2.5　定时器指令

定时器相当于继电接触器电路中的时间继电器，用于产生时间序列，以实现等待、监控、测量时间间隔等。

在 S7-300/400 PLC 的 CPU 存储器中，为定时器保留有存储区，该存储区为每个定时器保留一个 16 位定时器字和一个二进制的定时器位。定时器字用来存放它当前的定时值，定时器触点的状态由定时器位的状态来决定。用定时器地址（T 和定时器号，如 T3）来存取它的定时值和定时器位。带位操作数的指令存取定时器位，带字操作的指令存取定时器的定时值。

不同的 CPU 模块，所支持的定时器数目不等。因此，在使用定时器时，定时器的地址编号必须在有效的范围内。

2.5.1　定时器的基础知识

定时器是一种由位和字组成的复合单元，定时器有自己的存储区域，每个定时器都有一个 16 位的定时器字和一个二进制的定时器位。其中，定时器的定时器字用于存放当前的定时值；二进制的定时器位用于表示定时器触点的状态。

1. 定时时间的设定

定时器的使用和时间继电器一样，也要设置定时时间。S7-300/400 PLC 定时时间的设定需要通过 S7 的装载指令 L 进行，可采用以下两种方法。

（1）直接表示法

直接表示法仅在语句表指令（STL）中使用，其指令格式如下：

W#16#wxyz

其中，w 是时基（时间基准，即时间间隔或分辨率），xyz 是 BCD 码格式的定时值，范围为 1～999。w 取值为 0、1、2、3，分别对应不同的时基，如表 2-6 所示。时基越小，分辨率越高，定时时间越短；时基越大，分辨率越低，定时时间越长。

表 2-6　时基与定时值范围

时基	时基的二进制代码	分辨率	定时值范围
10ms	00	0.01s	10ms~9s990ms
100ms	01	0.1s	100ms~1min39s990ms
1s	10	1s	1s~16min39s
10s	11	10s	10s~2h46min30s

S7 中的定时时间由时基和定时值组成，定时时间为时基和定时值的乘积。时基也称为定时器的计时单位，是定时器可以控制的最高精度。定时值是定时器的有效控制时间。所以定时时间＝时基×定时值。例如，W#16#3025＝10s×25＝250s。在定时器开始工作后，定时值不断递减，递减至 0 表示时间到，定时器会进行相应动作。

图 2-16 以 W#16#2116 为例说明了定时器字的格式，其中定时器字的第 0～11 位表示定时值，以 3 位 BCD 码格式存放，范围是 0～999；第 12～13 位表示定时器的时基。

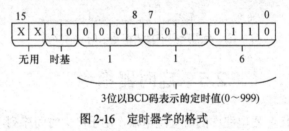

图 2-16　定时器字的格式

（2）S5 时间表示法

S5 时间表示法在 STL、LAD 中都能用，其指令格式如下：

S5T#a Hbb Mcc Sddd MS

其中，a H 表示 a 小时，bb M 表示 bb 分钟，cc S 表示 cc 秒，ddd MS 表示 ddd 毫秒。定时范围为 1MS～2H 46M 30S（1ms～9990s）。这里时基是由 CPU 自行选定的，原则是在满足定时值范围的要求下，根据定时值自动选择满足定时值范围的最小时基。

2. 定时器的三种不同表达形式

定时器有三种不同的表达形式，如表 2-7 所示。对于 LAD，定时器的操作分为 S5 定时器方块图指令和定时器线圈指令。S5 定时器方块图指令包括脉冲定时器、扩展脉冲定时器、延时接通定时器、保持型延时接通定时器和延时断开定时器。定时器线圈指令包括：——（SP）（脉冲定时器输出线圈）、——（SE）（扩展脉冲定时器输出线圈）、——（SD）（延时接通定时器输出线圈）、——（SS）（保持型延时接通定时器输出线圈）和——（SF）（延时断开定时器输出线圈）。

表 2-7　定时器指令的三种表达形式

类型	LAD		STL	功能描述
	方块图	线圈		
脉冲定时器	Tno S_PULSE S　Q TV　BI R　BCD	Tno —(SP)— 定时值	SP Tno	延时关断 由正脉冲触发，并且需要保持 为 1。开始运行时，输出为 1； 定时时间到，输出为 0
扩展脉冲定时器	Tno S_PEXT S　Q TV　BI R　BCD	Tno —(SE)— 定时值	SE Tno	延时关断 由正脉冲触发，不需要保持为 1。开始运行时，输出为 1；定 时时间到，输出为 0
延时接通定时器	Tno S_ODT S　Q TV　BI R　BCD	Tno —(SD)— 定时值	SD Tno	延时接通 由正脉冲触发，并且需要保持 为 1。开始运行时，输出为 0； 定时时间到，输出为 1
保持型延时接通定 时器	Tno S_ODTS S　Q TV　BI R　BCD	Tno —(SS)— 定时值	SS Tno	延时接通 由正脉冲触发，不需要保持为 1。开始运行时，输出为 0；定 时时间到，输出为 1
延时断开定时器	Tno S_OFFDT S　Q TV　BI R　BCD	Tno —(SF)— 定时值	SF Tno	延时关断 由正脉冲触发，并且需要保持 为 1。开始运行时，输出为 1； 定时时间到，输出为 0

　　定时器方块图指令为一个指令块，包含触发条件、定时器复位、预置值等与定时器所有相关的条件参数；定时器线圈指令将与定时器相关的条件参数分开使用，可以在不同的程序段中对定时器参数进行赋值和读取。

　　STL 的定时器指令与 LAD 的定时器线圈指令使用方式相同。L 指令以整数的格式将定时器的定时剩余值写入累加器 1 中；LC 指令以 BCD 码的格式将定时器的定时剩余值和时基一起写入累加器 1 中；使用普通复位指令 R 可以将定时器复位（禁止启动）。

表 2-7 中各符号的含义如下：

Tno 为定时器的编号，其范围与 CPU 的型号有关。

S 为启动信号，当 S 端出现上升沿时，延时启动指定的定时器。

R 为复位信号，当 R 端出现上升沿时，延时定时器复位，当前值清零。

TV 为设定时间值输入，最大设定时间为 9990s，输入格式按 S5 系统时间格式，如 S5T＃ 10S、S5T＃ 1H20M30S 等。

Q 为定时器输出。定时器启动后，剩余时间非 0 时，Q 输出为 1；定时器停止或剩余时间为 0 时，Q 输出为 0，该端可以连接位变量，如 Q0.0 等，也可以悬空。

BI 以整数格式显示或输出剩余时间，采用十六进制形式，如 16＃0034、16＃00FB 等，该端可以接各种字存储器，也可以悬空。

BCD 以 BCD 码格式显示或输出剩余时间，采用 S5 系统时间格式，如 S5T＃ 10S、S5T＃ 1H20M30S、S5T＃ 10M10S 等，该端可以接各种字存储器，如 QW0、MW10 等，也可以悬空。

—(SP)—为脉冲定时器指令，用来设置脉冲定时器编号；其他的定时器指令类推。

2.5.2 脉冲定时器（SP）指令

图 2-17 说明了脉冲定时器的方块图指令在 LAD 中的用法及其相应的 STL 指令，而图 2-18 是脉冲定时器的线圈指令在 LAD 中的用法及其相应的 STL 指令，这两种用法实现的功能是一样的。其中，STL 中的 "L" 为累加器 1 的装载指令，可将定时器的定时值作为整数装入累加器 1；"LC" 为 BCD 装载指令，可将定时器的定时值作为 BCD 码装入累加器 1；"T" 为传送指令，可将累加器 1 的内容传送给指定的字节、字或双字单元。

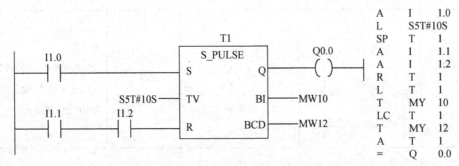

图 2-17　脉冲定时器的方块图指令用法示例

示例的时序图如图 2-19 所示。从图 2-19 可以看出，如果 I1.1 和 I1.2 逻辑与运算后的信号（即 R 信号）的 RLO 为 0，且 I1.0（即 S 信号）出现上升沿，则脉冲定时器启动，启动的同时，其触点 T1 接通，此后只要 I1.0 的 RLO 保持 1，定时器就继续运行，在定时器运行期间，只要剩余时间不为零，其常开触点闭合，同时输出 Q0.0 为 1，直到定时时间 t 达到后触点 T1 断开。但如果 I1.0 接通的保持时间小于定时时间 t，那么在 I1.0 断开的同时定时器的触点 T1 也同时断开。

无论何时，只要 R 信号的 RLO 出现上升沿，定时器就立即复位，并使定时器的常开触点断开，Q 输出为零，同时剩余时间清零。

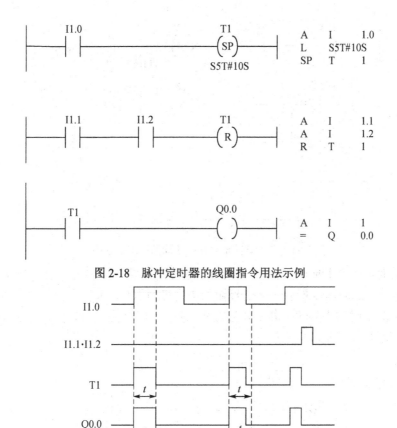

图 2-18 脉冲定时器的线圈指令用法示例

图 2-19 脉冲定时器示例的时序图

2.5.3 扩展脉冲定时器指令

图 2-20 说明了扩展脉冲定时器的方块图指令在 LAD 中的用法及其相应的 STL 指令,而图 2-21 是扩展脉冲定时器的线圈指令在 LAD 中的用法及其相应的 STL 指令,这两种用法实现的功能是一样的。

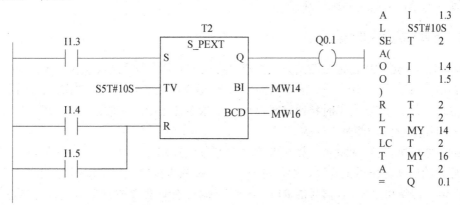

图 2-20 扩展脉冲定时器的方块图指令用法示例

示例的时序图如图 2-22 所示。如果 R 信号(即 I1.4 和 I1.5 逻辑或运算后的信号)的 RLO 为 0,且 S 信号(即 I1.3)出现上升沿,则扩展脉冲定时器启动,启动的同时,其触点 T2 接通,并从设定的时间值开始倒计时,即使 S 信号的保持时间小于定时值,定时器的触点 T2 也

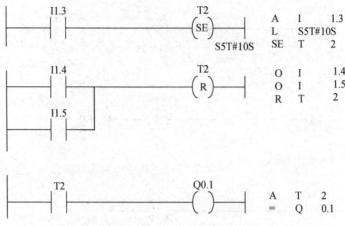

图 2-21 扩展脉冲定时器的线圈指令用法示例

能同样持续定时时间 t 后才断开。但是，若在启动信号断开后，定时器进入"断开延时"阶段，启动信号再次输入。这时将以最后一个信号输入作为启动信号，重新执行延时动作，在定时器运行期间，只要剩余时间不为零，其常开触点 T2 闭合，同时输出 Q0.1 为 1，直到定时时间 t 到达后触点 T2 断开。

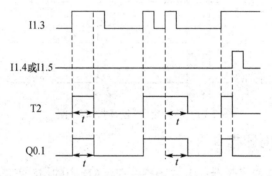

图 2-22 扩展脉冲定时器示例的时序图

无论何时，只要 R 信号的 RLO 出现上升沿，定时器就立即复位，并使定时器的常开触点断开，Q 输出为零，同时剩余时间清零。

2.5.4 延时接通定时器指令

图 2-23 说明了延时接通定时器的方块图指令在 LAD 中的用法及其相应的 STL 指令，由图中可以看出，由于 BCD 端悬空，因此对应的 STL 指令出现了 NOP 0 空指令，此指令不影响程序的运行；而图 2-24 是延时接通定时器的线圈指令在 LAD 中的用法及其相应的 STL 指令，这两种用法实现的功能是一样的。

示例的时序图如图 2-25 所示。如果 R 信号（I2.0）的 RLO 为 0，且 S 信号（I1.6 和 I1.7 逻辑或运算后的信号）出现上升沿，则定时器启动，并从设定的时间（该例为 10s）开始倒计时，如果在定时器结束之前，S 信号的 RLO 出现下降沿，定时器就立即停止运行并复位，Q0.2 输出为零。当定时时间 t 到达而 S 信号的 RLO 仍为 1 时，定时器常开触点闭合，同时 Q0.2 输出为 1，直到 S 信号的 RLO 变为 0 或定时器被复位。

无论何时，只要 R 信号的 RLO 出现上升沿，定时器就立即复位，并使定时器的常开触点断开，Q 输出为零，同时剩余时间清零。

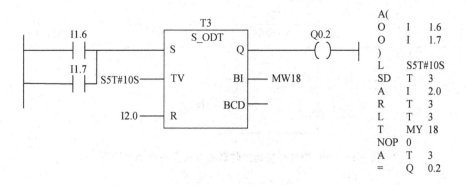

图 2-23　延时接通定时器的方块图指令用法示例

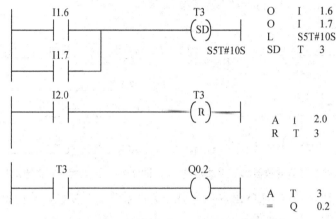

图 2-24　延时接通定时器的线圈指令用法示例

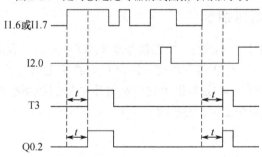

图 2-25　延时接通定时器示例的时序图

2.5.5　保持型延时接通定时器指令

图 2-26 说明了保持型延时接通定时器的方块图指令在 LAD 中的用法及其相应的 STL 指令，由图中可以看出，由于 BI 端悬空，因此对应的 STL 指令出现了 NOP　0 空指令，此指令不影响程序的运行；而图 2-27 是保持型延时接通定时器的线圈指令在 LAD 中的用法及其相应的 STL 指令，这两种用法实现的功能是一样的。

示例的时序图如图 2-28 所示。如果 R 信号（I2.2）的 RLO 为 0，且 S 信号（I2.1）的上升沿到达，定时器便保持这一 S 信号，不管 S 信号接通的时间是否大于定时时间 t，定时器总是保持延时状态，到达定时时间 t 后，定时器触点接通。但是，若在启动信号断开后，定时器进入"保持延时"阶段，S 信号再一次输入，这时将以最后一次输入的上升沿为 S 信号，重新进行定时时间 t 的计算。保持型延时接通定时器使用结束后，必须用复位信号对其进行复位。

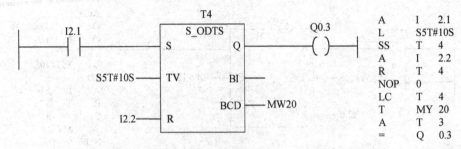

图 2-26　保持型延时接通定时器的方块图指令用法示例

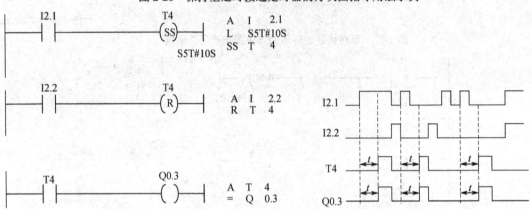

图 2-27　保持型延时接通定时器的线圈指令用法示例　　　　图 2-28　保持型延时接通定时器示例的时序图

　　无论何时，只要 R 信号的 RLO 出现上升沿，定时器就立即复位，并使定时器的常开触点断开，Q 输出为零，同时剩余时间清零。

2.5.6　延时断开定时器指令

　　图 2-29 说明了延时断开定时器的方块图指令在 LAD 中的用法及其相应的 STL 指令，由图中可以看出，由于 BI 端和 BCD 端都悬空，因此对应的 STL 指令出现了两条 NOP　0 空指令，此指令不影响程序的运行；而图 2-30 是延时断开定时器的线圈指令在 LAD 中的用法及其相应的 STL 指令，这两种用法实现的功能是一样的。

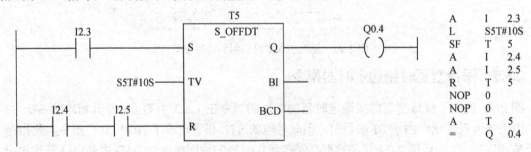

图 2-29　延时断开定时器的方块图指令用法示例

　　示例的时序图如图 2-31 所示。如果 R 信号（I2.4 和 I2.5 逻辑与运算的值）的 RLO 为 0，且 S 信号（I2.3）的下降沿到达，延时触点保持定时时间 t 后才断开，Q0.4 输出为 0。但是，若在 S 信号恢复断开后，定时器进入"断开延时"阶段，S 信号再一次输入，这时将以最后一次信号断开点作为断开延时时间计算的起点，重新进行计时。

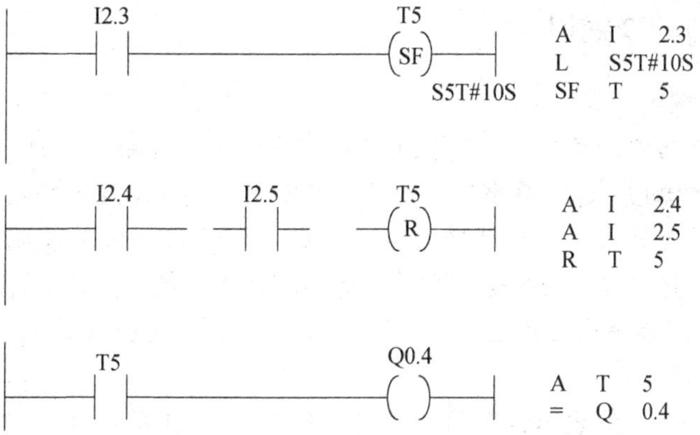

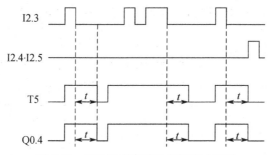

图 2-30　延时断开定时器的线圈指令用法示例

无论何时，只要 R 信号的 RLO 出现上升沿，定时器就立即复位，并使定时器的常开触点断开，Q 输出为零，同时剩余时间清零。

图 2-31　延时断开定时器示例的时序图

2.5.7　CPU 的时钟存储器

S7-300 PLC 除前面介绍的 5 种定时器外，还可以使用 CPU 的时钟存储器（Clock Memory）来实现精确的定时功能。

在 Memory Byte 区域输入为该项功能设置的地址，如需要使用 MB100，则直接输入 100。时钟存储器的功能是定义各位的变化规律按照不同频率的方波（占空比为 50%）来改变，各位的周期及频率变化如表 2-8 所示。如果在硬件配置中设置了该项功能，就可以在编程时使用该存储器来获得不同频率的方波信号。

表 2-8　时钟存储器各位的周期及频率变化表（以 MB100 为例）

位序	M100.7	M100.6	M100.5	M100.4	M100.3	M100.2	M100.1	M100.0
周期/s	2	1.6	1	0.8	0.5	0.4	0.2	0.1
频率/Hz	0.5	0.625	1	1.25	2	2.5	5	10

2.6　计数器指令

在生产过程中，常常要对现场发生动作的次数进行记录并据此发出控制命令，如要计算车库内停车的数量、生产车间内生产的工件的数量等，计数器就是为了完成这一功能而开发的。

2.6.1 计数器的理论知识

1. 计数器的存储器区

在 S7 CPU 的存储器中，有为计数器保留的存储区，每个计数器都有一个 16 位的计数器字和一个二进制的计数器位。计数器字用来存放当前的计数值，计数器触点的状态用计数器位的状态来决定。用计数器地址（C 和计数器号，如 C2）来存取当前的计数值和计数器位，带位操作数的指令存取计数器位，带字操作数的指令存取计数器的计数值。只有计数器指令能访问计数器存储区。梯形图指令集支持 256 个计数器，地址范围为 C0~C255，其地址范围因 CPU 具体型号的不同而有差异。

计数器字中的第 0~11 位表示计数值（二进制格式），计数范围为 0~999。当计数值达到上限 999 时，计数累加停止；计数值到达下限 0 时，计数值将不再减小。对计数器进行置数（设置初始值）操作时，累加器 1 低字中的内容被装入计数器字，计数器的计数值将以此为初值增加或减小。可以用多种方式为累加器 1 置数，但要确保累加器 1 低字符合所规定的格式。当计数器字的计数值为 BCD 码 116 时，计数器字中的各位如图 2-32 所示，用格式 C # 116 表示 BCD 码 116。

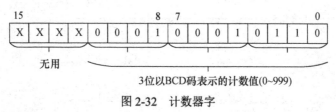

图 2-32　计数器字

2. 计数值的动作过程

在其他型号的 PLC 中，如 S7-200 PLC，计数器的设定值都与"计数到"的概念相关联，也就是说，在常规中，当计数值达到设定值时，计数器输出触点（即计数器位）有动作，但 S7-300 PLC 的计数器与此不同，只要当前计数值不为 0，计数器的输出为 1，即其常开触点闭合、常闭触点打开。

然而"计数到，计数器输出有动作"的概念，在生产过程中是经常用到的，可 S7-300 PLC 的计数器却不符合这一概念，即不符合常规，所以编程者常用以下两种方法来实现"计数到"。

（1）加法计数器

置计数初值时，计数器输出不动作，输出为 0，在当前计数值大于 0 时，其输出为 1。而实际上，加法计数器工作时，计数值一般都大于 0，输出一般都为 1，不变化。此时可查看当前剩余计数值，然后将其和预想的值做比较，如果相等，则执行对应的操作，以此来实现"计数到"。

（2）减法计数器

先把设定的计数初值送入计数器字中，计数器输出会立即从 0 到 1 产生一个正跳变。在当前计数值大于 0 时，计数器输出为 1；当减计数减到 0，即当前计数值等于 0 时，计数器输出从 1 变为 0，产生一个下降沿。再用下降沿检测指令，实现计数器的"计数到"，也可以用计数器的常闭触点和装计数值的允许信号的常开触点串联来实现计数器的"计数到"。

综上所述，无论是加法计数器还是减法计数器，只要当前计数值等于 0，则计数器输出为 0；若当前计数值大于 0，则计数器输出为 1，复位时计数器清零，其输出为 0。

3. 计数值的三种表达形式

在 S7-300/400 PLC 中有三种计数器指令形式可供选择，如表 2-9 所示。

表 2-9 计数器的三种指令形式

指令名称	梯形图		STL	说明
	方块图	线圈		
减计数器	Cno S_CD CD — Q S PV — CV R — CV_BCD	Cno —(CD)	CD	减计数器
加计数器	Cno S_CU CU — Q S PV — CV R — CV_BCD	Cno —(CU)	CU	加计数器
加/减计数器	Cno S_CUD CU — Q CD S — CV PV R — CV_BCD	—	—	—
计数器置初值		Cno —(SC) C#×××	S	计数器置初值，如 S C12
计数器复位			R	复位计数器，如 R C12
计数器重新启动			FR	重新启动计数器，如 FR C1
计数器写入累加器			L	以整数形式将当前的计数器写入累加器 1，如 L C3
			LC	把当前的计数值以 BCD 码形式装入累加器 1，如 LC C3

使用 LAD 编程，计数器指令分为两种：一是计数器方块图指令，包括加计数器、减计数器、加/减计数器方块图指令，计数器中包含计数器复位、预置等功能；二是计数器线圈指令，包括加、减计数器线圈指令，使用计数器线圈指令时，必须与计数器置初值指令、计数器复位指令结合使用。

使用 STL 编程，计数器指令只有加计数器 CU 和减计数器 CD 两个指令；S、R 指令为位操作指令，可以对计数器进行置初值和复位操作。

表 2-9 中方块图中的符号含义如下：

① Cno 为计数器的编号，其编号范围与 CPU 的具体型号有关。

② CU 为加计数器输入端，该端每出现一个上升沿，计数器自动加 1，当计数器的当前值

为 999 时,计数器保持为 999,加 1 操作无效。

③ CD 为减计数器输入端,该端每出现一个上升沿,计数器自动减 1,当计数器的当前值为 0 时,计数器保持为 0,减 1 操作无效。

④ S 为预置信号输入端,该端出现上升沿的瞬间,将计数初值作为当前值。

⑤ PV 为计数初值输入端,可以通过字存储器(如 MW2、IW4 等)为计数器提供初值,也可以直接输入 BCD 码形式的立即数,此时立即数的格式为 C#×××,如 C#5、C#116 等。

⑥ R 为计数器复位信号的输入端。在任何情况下,只要该端出现上升沿,计数器就会马上复位,复位后计数器的当前值为 0,输出也为 0。

⑦ Q 为计数器状态输出端,只要计数器的当前值不为 0,计数器的状态就为 1,该端可以连接位存储器,如 Q0.0、M1.0 等,也可以悬空,Q 的状态与计数器 Cno 的状态相同。

⑧ CV 为以二进制格式输出(或显示)的计数器当前值,如 16#0012、16#00CF 等,该端可以连接各种字存储器,如 MW2、QW4 等,也可以悬空。

⑨ CV_BCD 是以 BCD 码格式输出(或显示)的计数器当前值,如 C#12、C#6 等,该端可以连接各种字存储器,如 MW2、QW4 等,也可以悬空。

2.6.2 加/减计数器

图 2-33 说明了加/减计数器(即可逆计数器)的方块图指令在 LAD 中的用法及其相应的 STL 指令,而图 2-34 是加/减计数器的线圈指令在 LAD 中的用法及其相应的 STL 指令,这两种用法实现的功能是一样的。

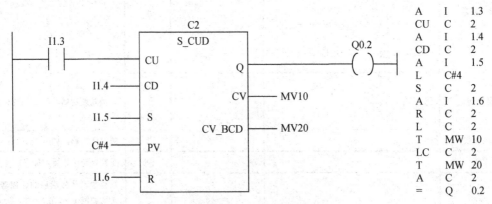

图 2-33 加/减计数器的方块图指令用法示例

示例中,I1.5 每出现一次上升沿,C2 就自动加 1,I1.4 每出现一次上升沿,C2 就自动减 1,当前值保存在 MW10(十六进制整数)和 MW20(BCD 码格式)中;如果 C2 的当前计数值不为 0,则 Q0.2 就为 1,否则,Q0.2 为 0;当 I1.5 出现上升沿时,计数器的当前值将被立即置为 4(由 C#4 决定),同时 Q0.2 为 1,以后将从 4 开始计数;如果 I1.6 出现上升沿,则计数器的当前值立即置 0,同时 Q0.2 为 0,以后 C2 将从 0 开始计数。

2.6.3 加计数器

图 2-35 说明了加计数器的方块图指令在 LAD 中的用法及其相应的 STL 指令,而图 2-36 是加计数器的线圈指令在 LAD 中的用法及其相应的 STL 指令,这两种用法实现的功能是一样的,只是线圈指令中不能存储该计数器的当前值。

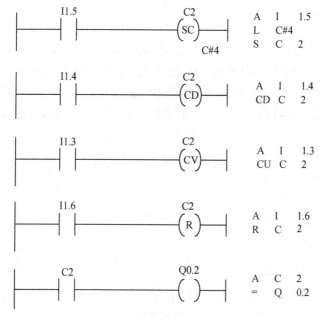

I1.5 C2 (SC) C#4	A I 1.5 L C#4 S C 2
I1.4 C2 (CD)	A I 1.4 CD C 2
I1.3 C2 (CV)	A I 1.3 CU C 2
I1.6 C2 (R)	A I 1.6 R C 2
C2 Q0.2 ( )	A C 2 = Q 0.2

图 2-34 加/减计数器的线圈指令用法示例

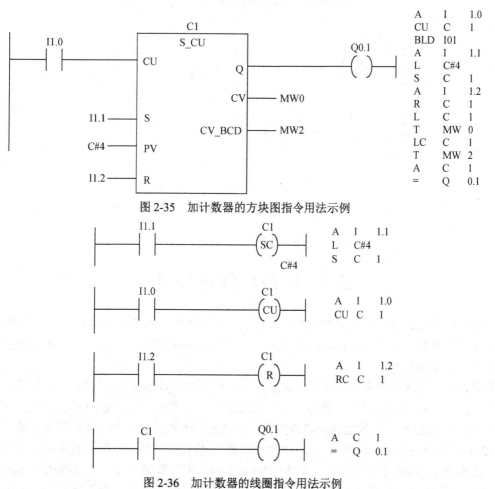

A   I   1.0
CU   C   1
BLD I01
A   I   1.1
L   C#4
S   C   1
A   I   1.2
R   C   1
L   C   1
T   MW   0
LC   C   1
T   MW   2
A   C   1
=   Q   0.1

图 2-35 加计数器的方块图指令用法示例

I1.1 C1 (SC) C#4	A I 1.1 L C#4 S C 1
I1.0 C1 (CU)	A I 1.0 CU C 1
I1.2 C1 (R)	A I 1.2 RC C 1
C1 Q0.1 ( )	A C 1 = Q 0.1

图 2-36 加计数器的线圈指令用法示例

2.6.4 减计数器

图 2-37 说明了减计数器的方块图指令在 LAD 中的用法及其相应的 STL 指令，由图可以看出，由于 CV 端和 CV_BCD 端都悬空，因此对应的 STL 指令出现了两条 NOP　0 空指令，此指令不影响程序的运行；而图 2-38 是减计数器的线圈指令在 LAD 中的用法及其相应的 STL 指令，这两种用法实现的功能是一样的，只是线圈指令中不能存储该计数器的当前值。

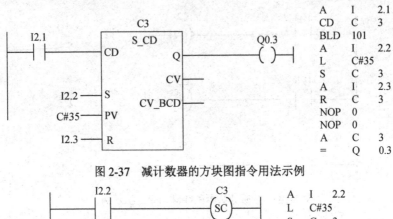

图 2-37　减计数器的方块图指令用法示例

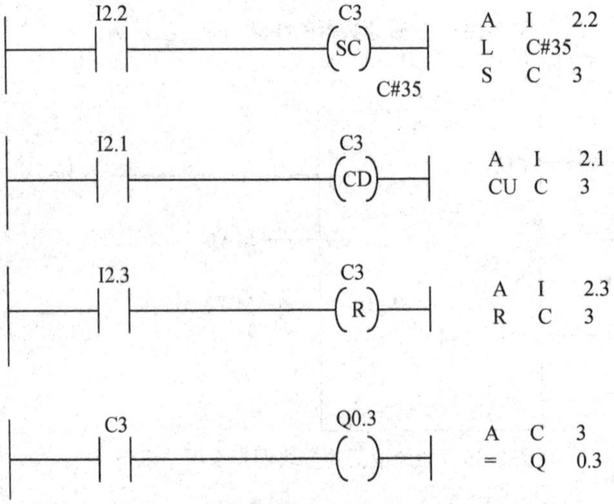

图 2-38　减计数器的线圈指令用法示例

2.7　装载和传送指令

数据装载是指将存储器的内容或特定数据装入累加器或地址寄存器中；传送是指将累加器或地址寄存器的内容传送到指定的存储器中，移动则是指将某一存储器的内容或特定的数据移动到另一存储器中。

数据装载与传送指令用于在各个存储区之间交换数据及存储区与过程输入/输出模板之间交换数据。CPU 在每次扫描中无条件执行数据装载与传送指令，而不受 RLO 的影响。

在西门子 PLC 中，数据装载和传送指令必须经过一个载体，这个载体就是累加器。累加器是 CPU 中的一种专用寄存器，可以作为"缓冲器"。数据的传送和交换一般是通过累加器进行的，而不是在存储区直接进行的。在 S7-300/400 PLC 中，有两个 32 位的累加器：累加器 1 与累加器 2，当执行装载指令 L 时，将数据装入累加器 1 中，累加器 1 中原有的数据被移入累加器 2 中，累加器 2 中原有的数据被覆盖。当执行传送指令 T 时，将累加器 1 中的数据传送到目的存储区中，而累加器 1 中的内容保持不变。L 和 T 指令可以对字节（8 位）、字（16 位）、双字（32 位）数据进行操作，当数据长度小于 32 位时，数据在累加器 1 中右对齐（低位对齐），其余各位填 0。

装载指令 L 和传送指令 T 可以完成下列区域的数据交换：

① 输入/输出存储区 I/O 与位存储区 M、过程输入存储区 PI、过程输出存储区 PQ、定时器 T、计数器 C、数据区 D 的数据交换；

② 过程输入/输出存储区 PI/PQ 与位存储区 M、定时器 T、计数器 C、数据区 D 的数据交换；

③ 定时器 T、计数器 C 与过程输入/输出存储区 PI/PQ、位存储区 M、数据区 D 的数据交换。

STL 编程语言指令分为装载指令和传送指令，其中包含地址寄存器的处理指令，具体指令见表 2-10。

表 2-10　STL 的装载指令和传送指令

指令类型	指令	说明
装载指令	L（操作数）	将数据装入累加器 1 中，累加器 1 的原有内容移动到累加器 2
	L　STW	将状态字的内容装入累加器 1
	LAR1　(D)	将累加器 1 中的内容装入地址寄存器 1
	LAR1	将累加器 1 中的内容装入地址寄存器 1。装入 AR1 的内容可以是立即数或者是存储区、地址寄存器 2（AR2）中的内容。如果在指令中没有给出操作数，则将累加器 1 中的内容直接装入 AR2
	LAR2	将累加器 1 中的内容装入地址寄存器 2。装入 AR2 的内容可以是立即数或者是存储区的内容。如果在指令中没有给出操作数，则将累加器 1 中的内容直接装入 AR2
	LAR1　AR2	将地址寄存器 2 中的内容装入地址寄存器 1
	LAR2　(D)	将两个双整数（32 位指针）装入地址寄存器 2
	LC　（定时器/计数器）	将指定定时器的剩余时间值和时基或者是指定计数器的当前计数值以 BCD 码格式装入累加器 1，累加器 1 中原来的内容装入累加器 2
传送指令	T　（操作数）	将累加器 1 中的内容传送到目的地址，累加器 1 的内容不变
	T　STW	将累加器 1 的 0~8 位传送到状态字
	TAR1	将地址寄存器 1 中的内容传送到累加器 1
	TAR1　(D)	将地址寄存器 1 中的内容传送到目的地址（32 位指针）
	TAR1　AR2	将地址寄存器 1 中的内容传送到地址寄存器 2
	TAR2	将地址寄存器 2 中的内容传送到累加器 1
	TAR2　(D)	将地址寄存器 2 中的内容传送到目的地址（32 位指针）
交换	CAR	交换地址寄存器 1 和地址寄存器 2 中的内容

下面分别对表 2-10 中的指令进行举例说明。L、LC、T 指令示例见表 2-11，和地址寄存器相关的装载和传送指令示例见表 2-12。

表 2-11　L、LC、T 指令示例

指　令	说　明
L 116	将一个 16 位整型常数装入累加器 1 的低字中
L L#168	将一个 32 位整型常数立即装入累加器 1 中
L B#16#CF	将一个 8 位十六进制常数立即装入累加器 1 中
L DW#16#2FFC_03CF	将一个 32 位十六进制常数立即装入累加器 1 中
L 2#1010_0101_0101_1010	将一个 16 位二进制常数装入累加器 1 中
L 'LOVE'	将 4 个字符装入累加器 1 中
L C#99	将 16 位计数器常数装入累加器 1 中
L S5T#8S	将 16 位 S5 定时器型时间常数装入累加器 1 中
L 1.0E+5	将 32 位实型常数装入累加器 1 中
L P#I4.0	将 32 位指向 I4.0 的指针装入累加器 1 中
L D#2009_09_09	将 16 位日期值装入累加器 1 中
L T#2D_3H_4M_5S	将 32 位时间值装入累加器 1 中
L IB0	将输入字节 IB0 装入累加器 1 的低字节中
L MB12	将存储字节 MB12 装入累加器 1 的低字节中
L DBB12	将数据字节 DBB12 装入累加器 1 的低字节中
L DIW12	将背景数据字 DIW12 装入累加器 1 的低字节中
L LD52	将本地数据双字 LD52 装入累加器 1 中
L C2	将计数器 C2 的当前计数值以二进制形式装入累加器 1 中
LC T1	将定时器 T1 的当前值以 BCD 码形式装入累加器 1 中
T QB2	将累加器 1 低字的低字节传送给输出字节 QB2
T MW10	将累加器 1 低字传送给存储字 MW10
T DBD4	将累加器 1 传送给数据双字 DBD4

表 2-12　和地址寄存器相关的装载和传送指令示例

指　令	说　明
LAR1	将累加器 1 中的内容装入 AR1
LAR1 P#I1.0	将输入位 I1.0 的地址指针装入 AR1
LAR1 P#M10.2	将一个 32 位的指针常数装入 AR1
LAR1 P#3.5	将指针数据 3.5 装入 AR1
LAR1 MD12	将存储双字 MD12 中的内容装入 AR1
LAR1 DBD12	将数据双字 DBD12 中的内容装入 AR1
LAR1 DID20	将背景数据双字 DID20 中的内容装入 AR1
LAR2 LD180	将本地数据双字 LD180 中的内容装入 AR2
LAR1 AR2	将 AR2 中的内容传送给 AR1
TAR1	将 AR1 中的内容传送给累加器 1
TAR1 DBD2	将 AR1 中的内容传送给数据双字 DBD2
TAR1 DID20	将 AR1 中的内容传送给背景数据双字 DID20
TAR1 LD180	将 AR1 中的内容传送给本地数据双字 LD180
TAR2 AR1	将 AR1 中的内容传送给 AR2

除上面列举的 STL 指令外，在梯形图中有一个方块传送指令 MOVE，如表 2-13 所示。方块传送指令 MOVE 为字节（B）、字（W）或双字（D）数据对象赋值，只有使能输入端 EN 为 1，才执行传送操作，使输出 OUT 等于输入 IN，并使输出 ENO 为 1，ENO 的逻辑状态总与 EN 一致。如果希望 IN 无条件传送给 OUT，则把 EN 端直接连接至左母线。

表 2-13　方块传送指令 MOVE

LAD 方块图	参数	数据类型	说明
MOVE EN　ENO IN　OUT	EN	BOOL	允许输入
	ENO	BOOL	允许输出
	IN	8、16、32 位的所有数据类型	源操作数（可为常数）
	OUT	8、16、32 位的所有数据类型	目的操作数

使用 MOVE 指令，能传送数据长度为 8 位字节、16 位字或 32 位双字的基本数据类型（包括常数）。在实际应用中，IN 和 OUT 端的操作数可以是常数、I、Q、M、D、L 等类型，但必须保证两端在数据宽度上相匹配。如果要传送用户定义的数据类型，如数组或结构体等，必须使用系统功能块移指令。

如果 EN 输入端有能流并且执行时无错误，则 ENO 端将能流传给下一元件。如果执行过程中有错误，能流在出现错误的指令框终止。ENO 可以与下一指令框的 EN 端相连，即几个指令框可以在一行中串联，只有前一个指令框被正确执行，后一个才能被执行。MOVE 命令在梯形图中的应用如图 2-39 所示。

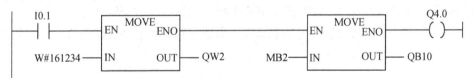

图 2-39　MOVE 命令在梯形图中的应用

2.8　比较指令

比较指令用来比较两个数据的大小，但是比较的这两个数据必须具有相同的数据类型，按照比较的数据类型可以分为整数比较指令、双整数比较指令和实数比较指令，指令助记符分别为 I、D 和 R。这三种类型中，比较指令的用法基本相同。按照想要比较的情况可以分为等于（＝＝）、不等于（＜＞）、大于（＞）、小于（＜）、大于或等于（＞＝）、小于或等于（＜＝）。被比较数的数据类型可以是 I、Q、M、L、D 或常数。具体情况如表 2-14 所示。由于比较指令较多，为了方便描述，整数比较指令 CMP？I 用来比较两个整数字的大小，用指令助记符 I 表示整数；双精度整数比较指令 CMP？D 用来比较两个双字的大小，用指令助记符 D 表示双整数；实数比较指令 CMP？R 用来比较两个实数的大小，用指令助记符 R 表示实数。每一个？都对应着＝＝、＜＞、＞、＜、＞＝、＜＝ 6 种情况。

梯形图中的方块比较指令相当于一个常开触点，可以与其他触点串联和并联。比较指令框的使能输入和使能输出均为布尔（BOOL）变量，可以取 I、Q、M、L 和 D 或常数。在使能输入信号为 1 时，比较 IN1 和 IN2 输入的两个操作数。如果被比较的两个数满足指令指定的条件，比较结果为"真"，等效触点闭合。

表 2-14 比较指令

STL 指令	梯形图指令	说明
? I	CMF ? I IN1 IN2	比较累加器 2 和累加器 1 低字节中的整数是否满足 ==、<>、>、<、>=、<=，如果条件满足，RLO=1
? D	CMP ? D IN1 IN2	比较累加器 2 和累加器 1 中的双精度整数是否满足 ==、<>、>、<、>=、<=，如果条件满足，RLO=1
? R	CMF ? R IN1 IN2	比较累加器 2 和累加器 1 中的实数是否满足==、<>、>、<、>=、<=，如果条件满足，RLO=1

16 位状态字寄存器中 7 号位 CC1 和 6 号位 CC0 称为条件码 1 和条件码 0，可以表示比较指令的执行结果，反映累加器 2、累加器 1 中两个数的关系，如 00 表示＝、01 表示＜、10 表示＞、11 表示非法浮点数。比较指令影响状态字，用指令测试状态字的有关位，可以得到更多的信息。

2.9 基本算术运算指令

算术运算指令包括基本算术运算指令、扩展算术运算指令和逻辑运算指令。这些指令是否执行与 RLO 位无关，也不会对 RLO 位产生影响。

基本算术运算主要是加、减、乘、除四则运算，数据类型为整型 INT、双整型 DINT 和实数型 REAL。

算术运算指令是在累加器 1 和累加器 2 中进行的，累加器 1 是主累加器，累加器 2 是辅助累加器，与主累加器进行运算的数据存储在累加器 2 中。在执行算术运算指令时，累加器 2 中的值作为被减数和被除数，而算术运算的结果则保存在累加器 1 中，累加器 1 中原有的数据被运算结果所覆盖，累加器 2 中的值保持不变，如图 2-40 所示。对于有 4 个累加器的 CPU，累加器 3 的内容复制到累加器 2，累加器 4 的内容传送到累加器 3，累加器 4 中原有内容保持不变。

CPU 在执行算术运算指令时，对状态字中的逻辑操作结果（RLO）位不产生影响，但是对状态字中的条件码 1（CC1）、条件码 0（CC0）、溢出（OV）、溢出状态保持（OS）位产生影响，可用位操作指令或条件跳转指令对状态字中的这些标志位进行判断操作。例如，当有效的运算结果分别为 0、负数、正数时，状态字的影响情况如表 2-15 所示。其他无效的运算结果对状态字的影响不再赘述，有需要时可以查阅指令的帮助文档。

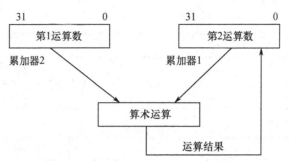

图 2-40　算术运算中累加器的使用情况

表 2-15　运算结果对状态字的影响

运算结果	CC1	CC0	OV	OS
0	0	0	0	无影响
负数	0	1	0	无影响
正数	1	0	0	无影响

基本算术运算指令的指令格式和具体示例说明如表 2-16 至表 2-18 所示。

表 2-16　整数算术运算指令

功能	梯形图示例	STL 示例	示例说明
整数（16 位）加法	ADD_I EN ENO MW0 — IN1 OUT — MW4 MW2 — IN2	L MW0 L MW2 +I T MW4	将累加器 2 的低字（MW0 中的内容）加上累加器 1 的低字（MW2 中的内容），结果保存在累加器 1 的低字中，传送给 MW4
整数（16 位）减法	SUB_I EN ENO MW6 — IN1 OUT — MW10 MW8 — IN2	L MW6 L MW8 -I T MW10	将累加器 2 的低字（MW6 中的内容）减去累加器 1 的低字（MW8 中的内容），结果保存在累加器 1 的低字中，传送给 MW10
整数（16 位）乘法	MUL_I EN ENO MW12 — IN1 OUT — MW16 MW14 — IN2	L MW12 L MW14 *I T MW16	将累加器 2 的低字（MW12 中的内容）乘以累加器 1 的低字（MW14 中的内容），结果保存在累加器 1 的低字中，传送给 MW16
整数（16 位）除法	DIV_I EN ENO IW0 — IN1 OUT — QW0 MW0 — IN2	L IW0 L MW0 /I T QW0	将累加器 2 的低字（IW0 中的内容）除以累加器 1 的低字（MW0 中的内容），结果保存在累加器 1 的低字中，传送给 QW0

功能	梯形图示例	STL 示例	示例说明
加整型常数（16 位）	—	+〈16 位常数〉	将累加器 1 的低字加 16 位整型常数，结果保存在累加器 1 的低字中

表 2-17　长整数算术运算指令

功能	梯形图示例	STL 示例	示例说明
长整数（32 位）加法	ADD_DI EN　ENO ID0—IN1　OUT—MD4 MD0—IN2	L　ID0 L　MD0 +D T　MD4	将累加器 2（ID0 中的内容）加上累加器 1（MD0 中的内容），结果保存在累加器 1 中，传送给 MD4
长整数（32 位）减法	SUB_DI EN　ENO ID4—IN1　OUT—QD0 MD40—IN2	L　ID4 L　MD40 -D T　QD0	将累加器 2（ID4 中的内容）减去累加器 1（MD40 中的内容），结果保存在累加器 1 中，传送给 QD0
长整数（32 位）乘法	MUL_DI EN　ENO MD8—IN1　OUT—MD16 MD12—IN2	L　MD8 L　MD12 *D T　MD16	将累加器 2（MD8 中的内容）乘以累加器 1（MD12 中的内容），结果保存在累加器 1 中，传送给 MD16
长整数（32 位）除法	DIV_DI EN　ENO MD12—IN1　OUT—QD4 ID4—IN2	L　MD12 L　ID4 /D T　QD4	将累加器 2（MD12 中的内容）除以累加器 1（ID4 中的内容），结果保存在累加器 1 中，传送给 QD4
长整数（32 位）取余	MOD_DI EN　ENO ID0—IN1　OUT—MD40 MD4—IN2	L　ID0 L　MD4 MOD T　MD40	将累加器 2（ID0 中的内容）除以累加器 1（MD4 中的内容），余数保存在累加器 1 中，传送给 MD40
加整型常数（32 位）	—	+〈32 位常数〉	将累加器 1 加 32 位整型常数，结果保存在累加器 1 中

表 2-18　实数算术运算指令

功能	梯形图示例	STL 示例	示例说明
实数加法	ADD_R EN　ENO MD0—IN1　OUT—MD8 MD4—IN2	L　MD0 L　MD4 +R T　MD8	将累加器 2（MD0 中的内容）加上累加器 1（MD4 中的内容），结果保存在累加器 1 中，传送给 MD8
实数减法	SUB_R EN　ENO MD12—IN1　OUT—MD20 MD16—IN2	L　MD12 L　MD16 -R T　MD20	将累加器 2（MD12 中的内容）减去累加器 1（MD16 中的内容），结果保存在累加器 1 中，传送给 MD20
实数乘法	MUL_R EN　ENO ID0—IN1　OUT—QD0 QD0—IN2	L　ID0 L　QD0 *R T　QD0	将累加器 2（ID0 中的内容）乘以累加器 1（QD0 中的内容），结果保存在累加器 1 中，传送给 QD0
实数除法	DIV_R EN　ENO ID4—IN1　OUT—MD40 MD0—IN2	L　ID4 L　MD0 /R T　MD40	将累加器 2（ID4 中的内容）除以累加器 1（MD0 中的内容），结果保存在累加器 1 中，传送给 MD40

基本算术运算指令的一些特殊之处说明如下：

① STL 中的整数乘法指令 "*I" 将累加器 1、2 低字的 16 位整数相乘，32 位双整数运算结果在累加器 1 中，所以 STL 指令中输出可以是双字，如果整数乘法的运算结果超出了 16 位整数允许的范围，OV 和 OS 位还是 1。但是梯形图中的整数乘法指令输出变量 OUT 的数据类型为整型 INT，所以梯形图中的整数乘法指令的乘积为 16 位，而不是 32 位。

② 整数除法运算时，用方块指令（DIV_I）在 OUT 处输出 "商"（舍去余数），用 STL 指令（/I）时，"商" 保存在累加器 1 的低字中，"余数" 保存在累加器 1 的高字中。

③ 长整数除法指令能得 32 位的商，余数被丢掉。可以用 MOD 指令来求双整数除法的余数。

④ 执行 "＋〈16 位常数〉" 或 "＋〈32 位常数〉" 指令时，累加器 1 的内容与 16 位或 32 位整型常数相加，运算结果保存到累加器 1 中。该指令只有 STL 形式，无梯形图方块形式。

2.10 移位和循环指令

2.10.1 移位指令

移位指令分为有符号数移位指令和无符号数移位指令。其中，有符号数移位指令包括整数右移指令和双整数右移指令，无符号数移位指令包括字左移指令、字右移指令、双字左移指令和双字右移指令。

在无符号数移位指令中，执行移位指令后移空的位会用 0 补上，最后移出的位的信号状态会载入状态字的 CC1 位中。状态字的 CC0 位和 OV 位会被复位为 0。二进制数向左移 n 位，将输入 IN 的内容乘以 2 的 n 次幂（2^n）；向右移 n 位，则将输入 IN 的内容除以 2 的 n 次幂（2^n）。有符号数移位时，移空的位会用符号位的信号状态（0 表示正，1 表示负）补上，最后移出的位的信号状态会载入状态字的 CC1 位中。状态字的 CC0 位和 OV 位会被复位为 0。

对于 LAD 形式的基本移位指令，待移位的数值由输入端 IN 给定，移动的位数由输入端 N 给定，移位后的结果保存在输出端 OUT 指定的存储区中，EN 为使能输入信号，ENO 为使能输出信号，EN 和 ENO 具有相同的状态，当 EN= 1 时，该移位的方块指令才会被激活。

对于 STL 形式的基本移位指令，可将累加器 1 低字中的内容进行移动，结果保存在累加器 1 中，移位指令中需要移位的位数可以使用两种方法指定：指令带参数的方法和移位数目由累加器 2（ACC2）的低字字节中的数值指定。

指令带参数的方法是指指令本身指定移位的位数。例如，SLW 6 就是将累加器 1 中的内容左移 6 位，16 位指令允许的数值范围为 0～15，32 位指令允许的数值范围为 0～32。

移位数目由累加器 2 的低字字节中的数值指定，可能的数值范围为 0～255。当 16 位指令指定移位数目大于 16、32 位指令指定移位数目大于 32 时，始终产生相同的结果（ACCU1＝16#0000、CC1＝0 或 ACCU1＝16#FFFF、CC1＝1）。

循环指令的具体说明如表 2-19 所示。

表 2-19　循环指令的具体说明

分类	STL	梯形图	说明	示例
有符号数右移	SSI 或 SSI 数值	SHR_I（EN ENO / IN1 OUT / N）	有符号整数右移，有效移位位数为 0~15，空出位用符号位填充，正数用 0，负数用 1，最后移出的位送 CC1	示例 1 M0.0 — M0.1 (P) — SHR_I（EN ENO / MW10—IN1 OUT—MW10 / MW12—N） 说明：当 M0.0 为上升沿时，将 MW10 中的内容进行整数右移，移动的位数是 MW12 中的数值，移动后的结果保存在 MW10 中 示例 2 L MD10　　//将数字装入累加器 1 SSD 6　　//右移 6 位 T MD0　　//将结果传输给 MD0
	SSD 或 SSD 数值	SHR_DI（EN ENO / IN1 OUT / N）	有符号双整数右移，有效移位位数为 0~31，空出位用符号位填充，正数用 0，负数用 1，最后移出的位送 CC1	

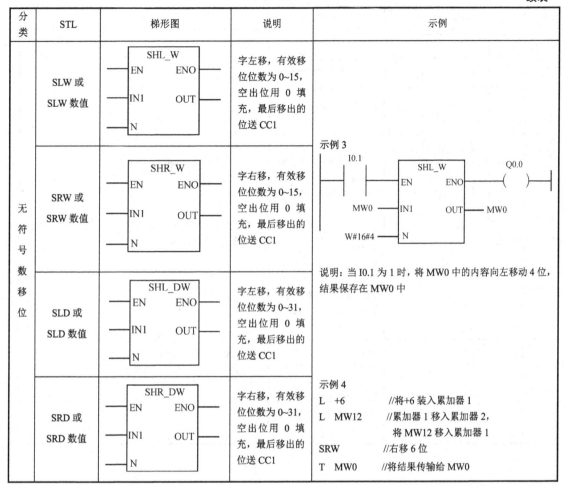

分类	STL	梯形图	说明	示例
无符号数移位	SLW 或 SLW 数值	SHL_W EN ENO IN1 OUT N	字左移，有效移位位数为0~15，空出位用0填充，最后移出的位送CC1	
	SRW 或 SRW 数值	SHR_W EN ENO IN1 OUT N	字右移，有效移位位数为0~15，空出位用0填充，最后移出的位送CC1	示例3 I0.1 — SHL_W — Q0.0 EN ENO MW0 — IN1 OUT — MW0 W#16#4 — N 说明：当I0.1为1时，将MW0中的内容向左移动4位，结果保存在MW0中
	SLD 或 SLD 数值	SHL_DW EN ENO IN1 OUT N	字左移，有效移位位数为0~31，空出位用0填充，最后移出的位送CC1	
	SRD 或 SRD 数值	SHR_DW EN ENO IN1 OUT N	字右移，有效移位位数为0~31，空出位用0填充，最后移出的位送CC1	示例4 L +6 //将+6装入累加器1 L MW12 //累加器1移入累加器2， 　　　　　　　将MW12移入累加器1 SRW //右移6位 T MW0 //将结果传输给MW0

2.10.2 循环指令

循环指令可实现双字的循环左移和右移，也就是将输入 IN 的所有内容向左或向右逐位循环移位，移空的位将用被移出输入 IN 的位的信号状态补上。循环移位指令最后移出的位的信号状态会载入状态字的 CC1 位中。状态字的 CC0 位和 OV 位会被复位为 0。

循环指令分为不带进位循环和带进位循环，其中带进位的循环指令只有 STL 指令。不带进位循环移位指令的动作过程是：将累加器 1 中的内容移动指定的位数，移出的位填补空出的位，最后移出的位同时赋给状态字的 CC1 位，但 CC1 位不参与移位，所以不带进位循环移位是 ACC1 里面的 32 位做循环移位。带进位循环移位指令的动作过程是：将累加器 1 的内容移动 1 位，移出位装入 CC1 中，CC1 位移到空出的位，CC1 位也参与移位。带进位循环移位是 ACC1 里面的 32 位和 CC1 位同时做循环移位，实际上是 33 位循环移位。

不带进位循环移位的位数可以由指令带参数的方法指定，允许值为 0~31；也可以由累加器 2 的低字节值指定，允许值为 0~255。而带 CC1 的循环移位指令只移 1 位，隐含在 STL 指令中。

循环指令的具体说明如表 2-20 所示。

表 2-20　循环指令

STL	梯形图	说明	示例
RLD 或 RLD 数值	ROL_DW EN　ENO IN1　OUT N	双字循环左移，有效移位位数为 0~31，空出位用移出位填充，最后移出的位送 CC1	示例 1
RRD 或 RRD 数值	ROR_DW EN　ENO IN1　OUT N	双字循环右移，有效移位位数为 0~31，空出位用移出位填充，最后移出的位送 CC1	I0.1 ── ROR_DW EN　ENO MD0 ─ IN1　OUT ─ MD4 W#16#4 ─ N 说明：当 I0.1 为 1 时，MD0 的内容循环右移 4 位，移动后的结果保存在 MD4 中
RLD A	—	累加器 1 带 CC1 循环左移，累加器 1 的内容和 CC1 一起循环左移 1 位，CC1 移入累加器 1 的第 0 位，累加器 1 的第 31 位移入 CC1	示例 2 L　MD10　　//将 MD10 装入累加器 1 RLD　A　　//带 CC1 循环左移 1 位 T　MD0　　//将结果传输给 MD0
RRD A	—	累加器 1 带 CC1 循环右移，累加器 1 的内容和 CC1 一起循环右移 1 位，CC1 移入累加器 1 的第 31 位，累加器 1 的第 0 位移入 CC1	

第3章 全线下实战 PLC 控制系统

概述

全线下实战 PLC 控制系统指 PLC（这里以三菱 PLC 为例）是实体的，它的输入和输出设备也是实体的。

3.1 三菱 FX 系列 PLC 编程软件 GX Works2 的使用

FX 系列 PLC 编程软件 GX Works2 的基本使用方法与一般基于 Windows 操作系统的软件类似，下面介绍一些常用的用法。

GX Works2 的
安装及使用

3.1.1 "工程"菜单

"工程"菜单如图 3-1 所示，可以选择"新建"或"打开"工程文件。

单击"PLC 类型更改"选项，弹出如图 3-2 所示对话框，可根据要求改变 PLC 的类型。可以更改的 PLC 类型有：FX0S/FX0、FX0N、FX1、FX1S、FX1N/FX1NC、FXU/FX2C、FX2N/FX2NC、FX3S、FX3G/FX3GC、FX3U/FX3UC。

图 3-1　"工程"菜单

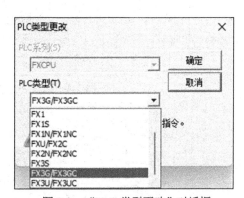

图 3-2　"PLC 类型更改"对话框

3.1.2 "在线"菜单

"在线"菜单如图 3-3 所示。

在图 3-3 中选择"PLC 读取""PLC 写入"选项，可以分别对 PLC 进行程序下载、上传操作。

图 3-3　"在线"菜单

1. 下载操作

在图 3-3 中，单击"PLC 读取"选项，弹出如图 3-4 所示界面，选择 PLC 类型后单击"确定"按钮，弹出"在线数据操作"界面，如图 3-5 所示，单击"参数+程序"按钮，然后单击"执行"按钮。开始读取参数和程序，如图 3-6 所示，读取完成后，单击"关闭"按钮，返回主界面。在"导航"窗口，单击"MAIN"选项，如图 3-7 所示，即可看到 PLC 里面的程序。

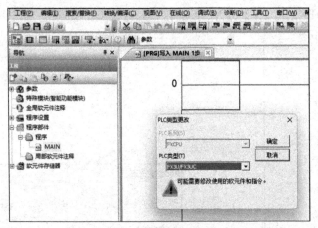

图 3-4　选择 PLC 类型

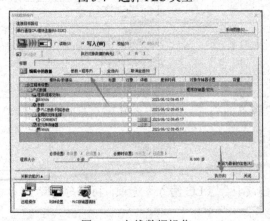

图 3-5　在线数据操作

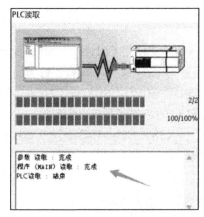

图 3-6　参数和程序读取进程

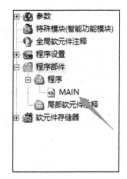

图 3-7　工程"导航"窗口

2.上传操作

（1）打开工程，在页面左下角找到并单击"连接目标"选项，选择"当前连接目标"操作栏下的目标，随后在弹出的窗口（见图 3-8）单击"通信测试"按钮，检验是否与 PLC 连接成功。如果单击"通信测试"按钮后，弹出如图 3-9 所示通信失败的警告信息，则说明 GX Works2 与 PLC 连接失败，否则即与 PLC 通信成功。

（2）在图 3-3 中，单击"PLC 写入"选项，在主界面左侧的"导航"界面中单击"MAIN"选项后，单击"执行"按钮，开始写入参数和程序。

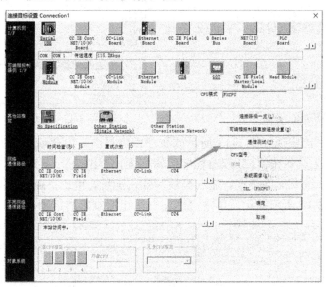

图 3-8　通信验证

图 3-9　通信失败

3.1.3 创建工程

在图 3-1 所示"工程"菜单中,单击"新建"选项,或使用 Ctrl+N 快捷键,弹出如图 3-10 所示对话框,可以新建工程。在"系列"下选择相应的 PLC 系列,如图 3-11 所示,选项包括 QCPU、LCPU、FXCPU、QCPU、QSCPU、QnACPU、ACPU、SCPU、CNC;在"机型"下选择相应的 PLC 类型,如图 3-12 所示,FX 系列 PLC 的选项包括 FX0S/FX0、FX0N、FX1、FX1S、FX1N/FX1NC、FXU/FX2C、FX2N/FX2NC、FX3S、FX3G/FX3GC、FX3U/FX3UC;选择完成后,单击"确定"按钮,新建一个工程。

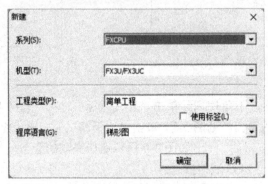

图 3-10 "新建"对话框

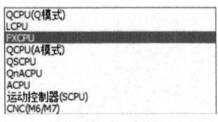

图 3-11 PLC 系列

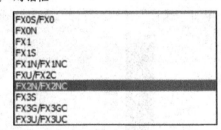

图 3-12 PLC 机型

工程新建成功之后,出现如图 3-13 所示的程序编辑界面,可在该界面中编辑梯形图。通过单击如图 3-14 所示工具条按钮,或双击程序编辑界面,弹出如图 3-15 所示的"梯形图输入"对话框,在左侧可选择输入元件类型,在右侧填写输入地址,单击"确定"按钮。如果输入错误,则系统弹出如图 3-16 所示提示,单击"确定"按钮后重新进行输入。

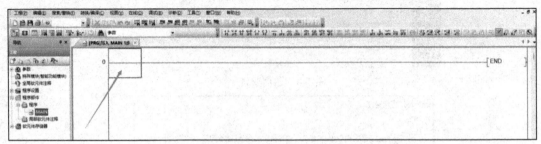

图 3-13 程序编辑界面

图 3-14 工具条按钮

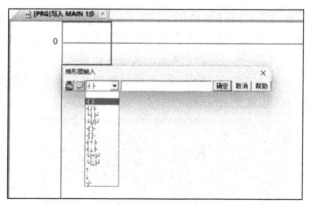

图 3-15 "梯形图输入"对话框

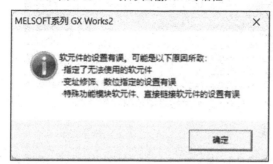

图 3-16 输入错误弹窗提示

完成梯形图编写后，通过选择如图 3-17 所示的"转换/编译"→"转换"选项或按快捷键 F4 将梯形图转换成语句表指令。

转换完成后，如果梯形图没有问题，对应的程序段为灰色底面，转换后变成白色底面，即可单击图 3-14 中工具条上的"保存"按钮保存程序，或者从"工程"菜单选择"保存"或"另存为"选项保存程序，如图 3-18 所示。

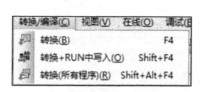

图 3-17 梯形图变换选项

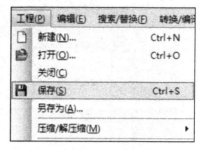

图 3-18 工程保存

3.2 三菱 PLC 线下实战硬件介绍

3.2.1 实验装置

本教材使用的可编程控制器实验装置是 HRPL30A 型网络型可编程控制器高级实验装置，如图 3-19 所示。该装置集 PLC、GX Works2 编程软件、仿真实训教学软件、实训模块、实物等于一体。在此装置上，可直观地进行 PLC 的基本指令练习、多个 PLC 实际应用的模拟及实物控制。该装置配备的主机采用三菱 FX 系列 PLC，配套 SC-09 通信编程电缆。该装置的集成化程度高，可节约教学资源，操作简单，并且可清楚直观地显示当前 PLC 的工作情况，便于学生学习和理解。交通信号灯模块、触摸屏模块、水塔水位模块、变频器模块、三相电机等都可灵活地插入该装置上，方便各个实验使用，而且该装置提供实验所需的各种电源，全线下实战 PLC 控制系统实验都可在此装置上进行。

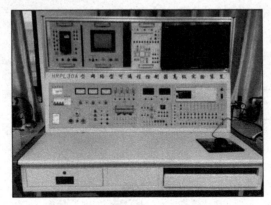

图 3-19　HRPL30A 型网络型可编程控制器高级实验装置

3.2.2　基本实验模块

PLC 线下实战基本实验模块如图 3-20 所示，有十字路口交通灯实验模块、自动配料装车/四节传送带实验模块、装配流水线实验模块、水塔水位实验模块、天塔之光实验模块等。

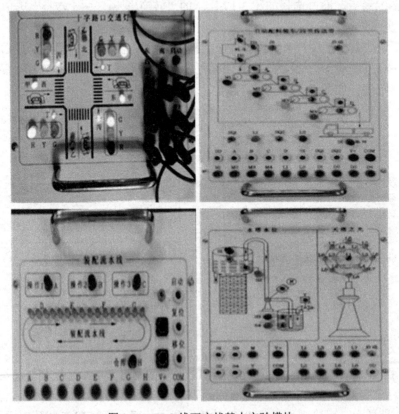

图 3-20　PLC 线下实战基本实验模块

3.2.3 变频器模块

变频器是把电压和频率固定不变的交流电变换为电压和频率可变的交流电的装置，在实际生产中有着十分广泛的应用。变频器可以用在所有带有电机的机械设备中，尤其在环保设施、节能减排项目中应用更为普遍。变频器模块如图 3-21（a）所示。

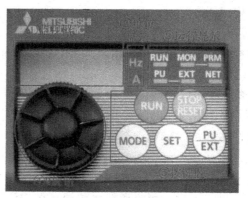

（a）变频器模块　　　　　　　　　　　（b）变频器操作面板

图 3-21　变频器模块

1．操作面板介绍

变频器操作面板如图 3-21（b）所示，各部分的具体作用如下。

（1）监视器

监视器由 4 位 LED 形成，用于显示频率、参数编号等。

（2）单位显示

Hz，显示频率时灯亮；A，显示电流时灯亮。

（3）运行显示

① 运行模式显示（PU、EXT、NET）。PU：PU 运行模式时灯亮；EXT：外部运行模式时灯亮；NET：网络运行模式时灯亮。

② 运行状态显示（RUN）。变频器工作时，灯亮/闪烁。亮灯表示正在运行中；缓慢闪烁（1.4s 循环）表示反转运行中；快速闪烁（0.2s 循环）表示有 3 种情况之一：按 (RUN) 键或输入启动指令都无法运行；有启动指令，但频率指令在启动频率以下；输入了 MRS 信号。

③ 参数设定模式显示（PRM）。参数设定模式时灯亮。

④ 监视器显示（MCN）。监视模式时灯亮。

（4）M 旋钮

M 旋钮用于变更频率和参数的设定值。旋转该旋钮，可显示监视模式时的设定频率、校正时的当前设定值、报警历史模式时的顺序。

（5）按键区

模式切换按键（MODE）：用于切换各种设定模式。和 $\binom{PU}{EXT}$ 键同时按下，也可以用来切换运行模式。长按此键（2s），可以锁定操作。

设定确定按键（SET）：按下此按键，可确定各个设定值。运行中按此按键，则监视器将循环显示运行频率、输出电流和输出电压。

运行模式切换按键（$\binom{PU}{EXT}$）：用于切换 PU/外部运行模式。使用外部运行模式（通过另接的频率设定器件提供频率信号，用指令按键启动）时请按此键，表示运行模式的 EXT 灯亮。

启动指令按键（RUN）：通过设定 P.40 的值，可以选择旋转方向。

停止运行按键（$\frac{STOP}{RESET}$）：停止运转指令。严重故障时按下此键，可以起保护功能，也可以进行报警后复位。

2．基本操作

（1）运行模式切换

接通电源，默认初始模式为外部运行模式，指示灯 MON、EXT 亮；按下 PU/EXT 键进入 PU 运行模式，即监视器输出频率信号，指示灯 MON、PU 亮；再次按下 PU/EXT 键回到外部运行模式，指示灯 MON、EXT 亮。

（2）电机频率设定

接通电源，默认初始模式为外部运行模式，指示灯 MON、EXT 亮；此时旋转 M 旋钮，可以变更频率值，按下 SET 键确定变更频率值。若监视器中"F"和单位显示 Hz 闪烁，则频率设定写入完成。

在 PU 运行模式，监视器显示输出频率，此时单位显示 Hz 亮；按下 SET 键，监视器显示输出电流，单位显示 A 亮；再次按下 SET 键，监视器显示输出电压，单位显示 Hz、A 全灭；再次按下 SET 键，监视器又显示输出频率。

（3）参数设定

接通电源，默认初始模式为外部运行模式，指示灯 MON、EXT 亮；按下 PU/EXT 键，进入 PU 运行模式，即监视器输出频率，指示灯 MON、PU 亮，按下 MODE 键进入参数设定模式，指示灯 PRM、PU 亮，旋转 M 旋钮，找到需要更改的参数，按下 SET 键显示当前设定值，旋转 M 旋钮，改变设定值，再次按下 SET 键，若在监视器中参数和设定值闪烁，则参数写入完成。

在参数设定模式下，按下 MODE 键，显示报警历史，再次按下 MODE 键，回到 PU 运行模式。

3．操作实例

（1）改变参数 P79

操作步骤如下：

① 接通电源，默认初始模式为外部运行模式，指示灯 MON、EXT 亮。

② 同时按住 PU/EXT 和 MODE 键 0.5s，监视器中显示"79--"，指示灯 PRM 闪烁。

③ 旋转 M 旋钮，将设定值改为 3，参数 P79 的各个设定值对应的运行方法见表 3-1，监视器中显示"79-3"，指示灯 PRM、EXT 闪烁，PU 灯亮。

④ 按下 SET 键，确定设定值，监视器中"79-3"与"79--"交替闪烁，3s 后停止闪烁，指示灯 MON、PU、EXT 亮。

表 3-1　参数 P79 各设定值对应的运行方法

参数 P.79 的值	运行方法	
	启动指令	频率指令
1	RUN 按键	M 旋钮
2	外部	模拟电压输入
3	外部	M 旋钮
4	RUN 按键	模拟电压输入

（2）变更参数 P1（改变频率上限）

操作步骤如下：

① 接通电源，默认初始模式为外部运行模式，指示灯 MON、EXT 亮。

② 按下 PU/EXT 键，进入 PU 运行模式，指示灯 PU 亮。

③ 按下 MODE 键，进入参数设定模式，监视器中显示之前读取的参数编号，指示灯 PRM 亮。

④ 旋转 M 旋钮，将参数编号设定为 P1，监视器中显示 "P1"。

⑤ 按下 SET 键，读取当前的设定值，监视器中显示 "120.0"（初始值为 120.0Hz）。

⑥ 旋转 M 旋钮，将值设定为 50Hz，监视器中显示 "50.00"。

⑦ 按下 SET 键，确定设定值。若监视器中 "50.00" 与 "P1" 交替闪烁，则参数设定完成。

参数设定完成后可进行以下操作：旋转 M 旋钮，可读取其他参数；按 SET 键，可再次显示设定值；按两次 SET 键，可显示下一个参数；按两次 MODE 键，可返回频率监视画面。

3.2.4 三相电机

1. 基本原理

将对称的三相电压施加在对称的定子绕组上，会有对称的三相电流流过，从而在电机的气隙中产生旋转的气隙磁场，旋转的气隙磁场切割转子导体，在转子导体中感应出电动势，并在转子回路中产生电流，转子绕组与旋转的气隙磁场相互作用，使转子导体受到电磁力，产生电磁转矩，从而使转子旋转。

2. 调速

（1）变极调速

适用于鼠笼式异步电机，通过改变定子绕组的接法或安装两套极对数不同的定子绕组实现变极。通过改变定子绕组的接法，使极对数成倍变化，鼠笼式异步电机的转子绕组的极对数自动与定子绕组的极对数相等。如果是绕线式异步电机，需相应改变转子绕组的接法，使转子绕组的极对数与定子绕组的极对数相等。

优点：变极调速简单可靠、成本低、效率高、机械特性硬，既适合恒转矩调速，又适合恒功率调速。

缺点：只能调节有限的几个转速。

（2）变频调速

变频调速是改变电机定子电源的频率，从而改变其同步转速的调速方法。变频调速系统可以分为两种：交-直-交变频系统和交-交变频系统。

交-直-交变频系统：它是利用大功率半导体器件，先将 50Hz 的工频电源整流成直流，然后经逆变器转换成频率与电压均可调节的变频电压并输出给感应电机，这种系统称为交-直-交变频系统。

交-交变频系统：将三相 50Hz 的工频电源直接经三相变频器转换成变频电压并输出给电机，这种系统称为交-交变频系统。

优点：变频调速平滑性好、效率高、机械特性硬、调速范围广，控制好电压随频率变化的规律可适用不同性质的负载。

缺点：成本较高。

（3）调压调速

调压调速可分为开环调压调速系统和闭环调压调速系统。

调压调速系统的结构简单、控制方便，调压装置可兼起动设备，利用转速反馈可得到较硬的机械特性，与其他调速方法配合使用可得较好的调速性能。

3．反向

若改变通过定子绕组的三相交流电的相序，则旋转方向与原旋转方向相反。

实验室中电机的实物及接线端如图 3-22 所示。

图 3-22　电机及其接线端

3.2.5　材料分拣装置

材料分拣装置如图 3-23 所示，主要由①推料阀 1、②推料阀 2、③光电传感器、④电感传感器、⑤电容传感器、⑥传送带电机、⑦料槽 1、⑧料槽 2 等部分组成。该装置涉及的实验用于分拣金属块与非金属块。

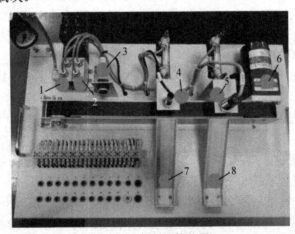

图 3-23　材料分拣装置

3.2.6　机械臂综合控制装置

机械臂综合控制装置如图 3-24 所示，可实现手动控制或自动控制，其中手动控制可以根据用户按键输入分别实现产品出仓、产品运输、产品搬运，然后按产品材质属性（本教材按照物料的金属和非金属属性进行分类）分别入仓的功能；自动控制可以实现一键控制工件的出仓、运输、分拣操作。

图 3-24　机械臂综合控制装置

机械臂综合控制装置由 PLC、按钮盒、传送带、各种传感器、机械臂及舵机等组成。

其中的 PLC 如图 3-25 所示，可通过计算机将梯形图烧写入 PLC 中，从而通过 PLC 对整个系统进行控制。

按钮盒如图 3-26 所示，作为 PLC 的输入辅助对系统进行控制。

图 3-25　三菱 PLC

图 3-26　按钮盒

传送带如图 3-27 所示，可以将工件传送到机械抓手可以抓到的位置。

图 3-27　传送带

图 3-28、图 3-29、图 3-30 分别为料仓工件检测传感器、质检传感器、传送末端检测传感器，分别用于检测料仓里是否有工件、工件的金属与非金属属性以及工件是否已经到达传送带末端。所有传感器感知的信息都会被转换成电信号返回 PLC，以便进行下一步控制。

  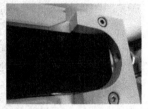

图 3-28　料仓工件传感器　　　图 3-29　质检传感器　　　图 3-30　传送末端检测传感器

机械臂及舵机如图 3-31 所示，用于工件的抓取和搬运，是通过 PLC 输出不同占空比的 PWM 波进行控制的。当 PWM 波的占空比在 5%~10%之间时，每一个占空比对应舵机一个固定的转角。

图 3-31　机械臂及舵机

（a）气动回路　　　　　　　　　　　（b）执行组件

图 3-32　气动回路和执行组件

气动回路和执行组件如图 3-32 所示，气动回路主要由总气阀、分气阀、电磁控制驱动阀等装置组成。执行组件主要由推料气缸活塞、升降阀、抓手阀等组成，其中推料气缸活塞通过伸缩完成推料作业，升降阀用于控制抓手的上升和下降，抓手阀则用于控制抓手抓取或者释放工件。

3.2.7　注意事项

HRPL30A 型网络型可编程控制器高级实验装置在使用过程中，应注意以下事项。

① 工作环境：温度-10~+40℃，相对湿度<85%(25℃)，海拔<4000m。

② 在接线时应关闭电源总开关，待接线完成，认真检查无误后方可通电。

③ PLC 的通信电缆请勿带电插拔，带电插拔容易烧坏通信接口。

④ 在通电中请勿打开控制屏的后背盖，防止可能发生的危险。

⑤ 若实验装置发生异常报警时，应立即切断电源，查找原因，并排除故障。

第4章 半虚半实 PLC 控制系统

4.1 概 述

在实验室中，采用全线下实战形式做实验，就需要提供被控对象、执行机构、传感器及主令元件等，并且这种方式的实验教学现场设备一经制作完成就是固定的，学生无法任意组合，不利于对学生创新能力的培养。加之全线下实战形式的设备成本高、体积大、容易损坏，因而不适合全部应用于实验教学中。尤其对于接近自动化前沿的复杂 PLC 控制系统，采用全线下实战形式，上述缺点更加明显。

针对目前大部分高校 PLC 实践教学中受经费、场地等条件的限制问题，有必要采用 PLC 虚拟仿真的实践方式。虚拟仿真被控对象的应用，能够解决目前实验室面临的资金无法大量投入等难题；完善控制系统设计实践环节，改进 PLC 实践教学的模式，能够使设计的系统更加接近实际的复杂工业控制系统。同时，仿真界面生动、形象，可以激发学生的学习兴趣，因此，虚拟仿真形式是全线下实战形式很好的补充方式。

PLC 虚拟仿真的实践形式分为半虚半实和全虚拟仿真两种形式，本章介绍半虚半实形式。在半虚半实形式的 PLC 控制系统中，PLC 是线下实体，而 PLC 的被控对象、执行机构等输入和输出设备都是虚拟的，这些虚拟设备可以在触摸屏或上位机（PC 机）上虚拟仿真。半虚半实形式的 PLC 控制系统框图如图 4-1 所示，使用线下实体 PLC 通过 RS-232、RS-485/422 等适配通信接口，和 PC 机或触摸屏相连，实现 PLC 与 PC 机或触摸屏的数据传输。采用虚拟仿真的形式，可以编程、调试许多无法在实验室现场进行全线下实践的系统，比如电梯控制系统、洗衣机控制系统等。

图 4-1　半虚半实形式的 PLC 控制系统框图

4.2 实体 PLC-触摸屏控制系统

4.2.1 触摸屏

在半虚半实形式的 PLC 控制系统中，PLC 的输入和输出设备可以采用触摸屏虚拟仿真，因此，触摸屏是半虚半实形式 PLC 控制系统的重要组成部分。三菱触摸屏如图 4-2 所示，又称为"三菱人机界面"，是由三菱电机株式会社研发、生产、销售的知名产品，是一种可接收触头等输入信号的感应式液晶显示装置。当用户点击触摸屏时，屏幕上的触觉反馈系统可根据预先编制的程序驱动各种连接装置，用以取代机械式的按钮面板，并借助液晶显示画面产生生动的影音效果。该触摸屏已被广泛应用于机械、纺织、电气、包装、化工等行业。

触摸屏

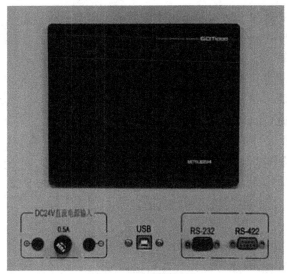

图 4-2　三菱触摸屏

1. 工作原理

三菱触摸屏是一种新型的电子设备，主要由液晶显示屏和电路板两部分组成，可以通过手指触摸屏幕上的图标、按钮等来实现操作。触摸屏的工作原理是基于电容感应技术的。具体来说，触摸屏表面覆盖着一层透明的电容层，这层电容层上有很多微小的电容节点。当手指接触到触摸屏表面时，就会形成一个电场。触摸屏上的电路板会不断地扫描电容层上的电容节点，检测每个节点的电容值。当手指接触到电容层上时，会改变电容节点的电容值，电路板会检测到这个变化并将其转换成电信号。触摸屏的控制器会接收到电路板传来的电信号，并对其进行处理、计算出手指触摸的位置，并将这个信息传递给相应的设备。根据控制器计算出的手指触摸位置，触摸屏会显示相应的图标、按钮等，供用户进行操作。三菱触摸屏具有响应速度快、操作简单等特点，被广泛应用于各种工业自动化和机器人控制系统中。

2. 输入方式

三菱触摸屏输入数值时会有自动的键盘弹出，但此键盘只能用于输入数字；如果要输入字母，必须进行一系列的设置：首先用户要自己定义一个可以输入字母的键盘，这可通过触摸屏的窗口画面设置，在此画面中，用户可以使用键代码开关设置要输入的字母；其次，用户要在软件中选择使用用户自制键盘窗口，按键的窗口设置为自制键盘的画面窗口。

以上设置好后，用户在触摸屏中选择 ASCII 码输入元件，并将其放在画面中，再下载到触摸屏中，然后连接好 PLC。正常通信后，只要按下 ASCII 码输入的位置，就会弹出用户自定义的键盘窗口。

3. 使用注意事项

① 三菱触摸屏的膜面为触摸面，即正面；玻璃面为非触摸面，即背面。

② 三菱触摸屏部分为玻璃制品，玻璃边角较锋利，装配时请戴手套/指套作业。

③ 三菱触摸屏部分为玻璃易碎品，装配时不要对触摸屏施加大的冲击力。

④ 不能采用直接拉扯引出线的方式来拿起触摸屏。

⑤ 引出线加强板部位不能进行弯折动作。

⑥ 引出线任何部位不允许有对折现象。

⑦ 在装配时，引出线需水平插入，不可在加强板根部对折插入。

⑧ 取放触摸屏时需单片操作，轻拿轻放，避免产品互相碰撞而划伤产品表面。

⑨ 清洁触摸屏表面时，请用柔软布料（如鹿皮）蘸石油醚擦拭。

⑩ 不可使用带腐蚀性的有机溶剂擦拭触摸屏膜面，如工业酒精等。

⑪ 勿堆叠放置触摸屏。

⑫ 在装配设计和框边设计时，需注意以下事项：

● 固定三菱触摸屏框边的支柱须在触摸屏的可视区以外；

● 框边须在三菱触摸屏的操作区以外，且在可视区到操作区之间不能有压力动作；

● 建议固定三菱触摸屏的材料为塑胶材料，接触触摸屏正面部分垫有软性材料；

● 不要用带腐蚀性的胶粘贴在触摸屏的表面。

4．常见故障及处理

（1）故障 1：三菱触摸屏触摸偏差

现象：手指所触摸的位置与光标箭头没有重合。

分析：安装完驱动程序后，在进行校正位置时，没有垂直触摸靶心正中位置。

处理方法：重新校正位置。

（2）故障 2：三菱触摸屏部分区域触摸偏差

现象：部分区域触摸准确，部分区域触摸有偏差。

分析：表面声波触摸屏四周边上的声波反射条纹上积累了大量的尘土或水垢，影响了声波信号的传递。

处理方法：清洁触摸屏，特别注意要将触摸屏四周边上的声波反射条纹清洁干净，清洁时应将触摸屏控制卡的电源断开。

（3）故障 3：三菱触摸屏触摸无反应

现象：触摸屏幕时光标箭头无任何动作，没有发生位置改变。

分析：造成此现象产生的原因很多，下面逐个说明。

① 表面声波触摸屏四周边上的声波反射条纹上所积累的尘土或水垢非常严重，导致触摸屏无法工作。

② 三菱触摸屏发生故障。

③ 三菱触摸屏控制卡发生故障。

④ 三菱触摸屏的信号线发生故障。

⑤ PC 机的串口发生故障。

⑥ PC 机的操作系统发生故障。

⑦ 三菱触摸屏的驱动程序安装错误。

处理方法：清洁触摸屏，更换触摸屏的控制卡、信号线，重装 PC 机的操作系统或触摸屏的驱动程序等。

4.2.2　触摸屏的硬件连接

将 PC 机中编辑好的工程下载到触摸屏中，PC 机和触摸屏的连接示意图如图 4-3 所示。半虚半实形式的 PLC 控制系统中，触摸屏与 PLC 实体的通信连接示意图如图 4-4 所示。

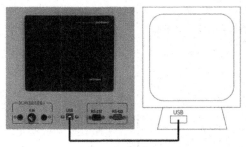
图 4-3 PC 机和触摸屏的连接示意图

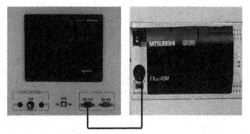
图 4-4 触摸屏与 PLC 实体的通信连接示意图

4.2.3 触摸屏的虚拟仿真软件 GT Designer3

使用软件前，首先需要打开安装包，即打开 DISKI 文件夹，双击 setup.exe 文件，然后双击桌面快捷方式或在"开始"选项中选择"GT Designer3"，即可打开软件。

1. 创建工程

打开 GT Designer3 软件，如图 4-5 所示，在"工程"菜单中单击"新建"选项。接着，根据"新建工程向导"对 GOT 机种、连接的 PLC 类型等进行设置，其操作流程如图 4-6 至图 4-14 所示。

图 4-5 "工程"菜单

图 4-6 新建工程初始界面

图 4-7 GOT 机种选择界面

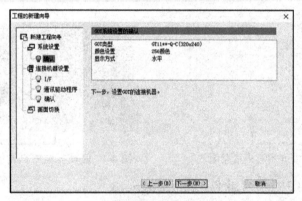

图 4-8　GOT 机种确认界面

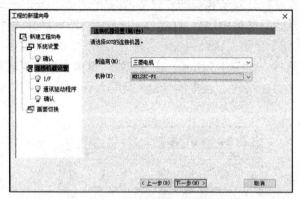

图 4-9　连接机器选择界面

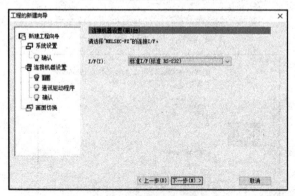

图 4-10　连接机器通信设置界面

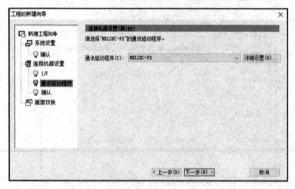

图 4-11　通信驱动程序选择界面

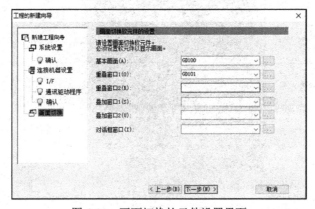

图 4-12　连接机器确认界面

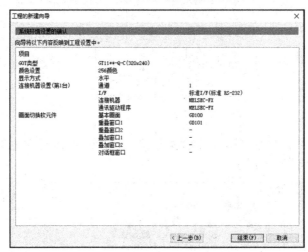

图 4-13　画面切换软元件设置界面

图 4-14　系统环境设置确认界面

2. GT Designer3 的窗口构成

如图 4-15 所示，GT Designer3 的窗口主要由标题栏、菜单栏、工具栏、编辑器页、画面编辑器、状态栏等构成，各部分功能如下所述。

标题栏：显示软件名、工程名/工程文件名。

菜单栏：可以通过下拉菜单操作 GT Designer3。

工具栏：可以通过选择图标操作 GT Designer3。

编辑器页：显示打开的画面编辑器。

画面编辑器：通过配置图形、对象，创建在 GOT 中显示的画面。

状态栏：显示光标所指的菜单、图标的说明或 GT Designer3 的状态。

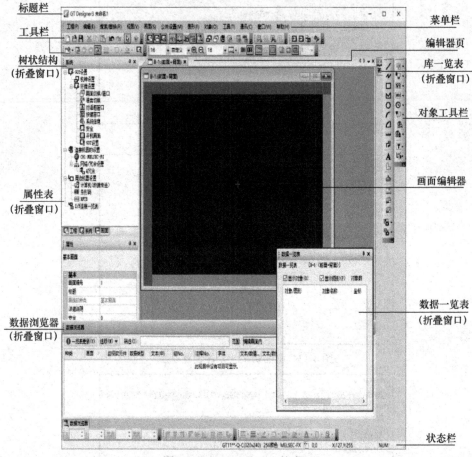

图 4-15　GT Designer3 的窗口

3．工程下载

用通信电缆连接 PC 机与触摸屏的 USB 通信接口，在图 4-15 中单击工具栏中的 图标，弹出通信设置界面，如图 4-16 所示。

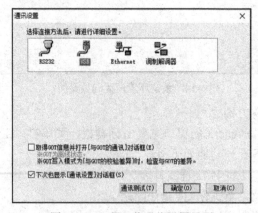

图 4-16　工程下载通信设置界面

单击"确定"按钮，弹出如图 4-17 所示界面。选择图 4-17 中所示选项，单击"GOT 写入"按钮，即可将工程下载到触摸屏中。

图 4-17　工程下载界面

4.2.4　简单实例

触摸屏中可以虚拟仿真 PLC 控制系统中任何需要的输入设备和输出设备，输入设备开关和输出设备指示灯都是最简单的设备，本节以一个开关控制一个指示灯为例介绍如何创建该仿真界面。

在图 4-15 中单击右侧对象工具栏中的开关图标和位指示灯图标，在画面编辑器中拖出所需的大小，如图 4-18 所示。

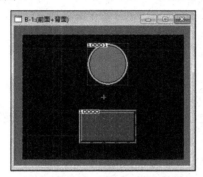

图 4-18　屏幕设计界面

双击图 4-18 中的开关对象，打开"开关"的属性对话框，在"基本设置"选项中对动作、样式及文本进行如图 4-19 至图 4-21 所示的设置。

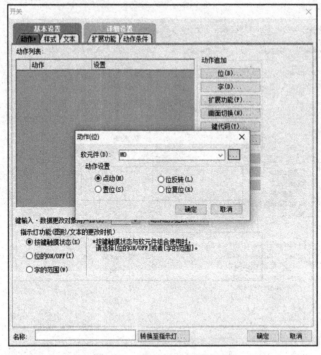

图 4-19　开关动作设置界面

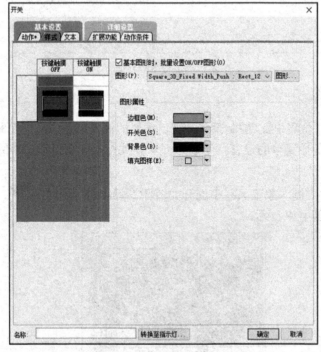

图 4-20　开关样式设置界面

用同样的方法打开"位指示灯"的属性对话框，进行如图 4-22 所示的设置。

在组态界面中，将开关和指示灯设置完成后，只需单击开关，指示灯就会随之亮起。

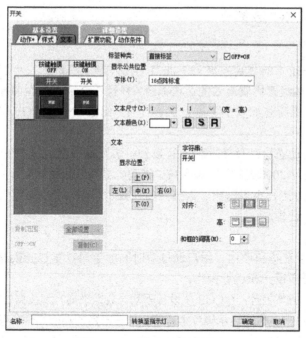

图 4-21　开关文本设置界面

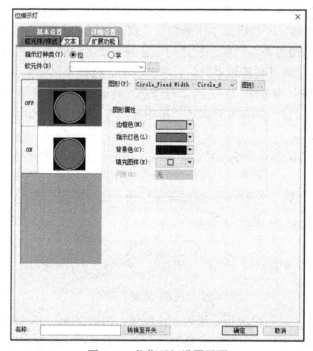

图 4-22　位指示灯设置界面

4.3　实体 PLC-PC 机控制系统

半虚半实形式的 PLC 控制系统中，PLC 的虚拟输入设备和输出设备也可以在 PC 机上使用组态软件 MCGS 虚拟仿真，实现实验室中无法全线下实现的功能。

4.3.1 组态软件 MCGS 简介

1. 概述

计算机技术和网络技术的飞速发展为工业自动化开辟了广阔的发展空间，用户可以方便快捷地组建优质高效的监控系统，并且通过采用远程监控及诊断等先进技术，使系统更加安全可靠。在这方面，组态软件 MCGS 可以提供强有力的技术支持。

MCGS 是北京昆仑通态自动化软件科技有限公司研发的一套 32 位工控组态软件，可稳定运行于 Windows95/98/NT/2000/XP 等操作系统，集动画显示、流程控制、数据采集、设备控制与输出、网络数据传输、工程报表输出、数据与曲线显示等诸多强大功能于一身，并支持国内外众多数据采集与输出设备。

2. MCGS 的特点

① 概念简单，易于理解和使用。用户通过短时间的学习，可以正确掌握并快速完成多数简单工程项目的监控程序设计和运行操作。

② 功能齐全，便于方案设计。MCGS 从设备驱动（数据采集）到数据处理、报警处理、流程控制、动画显示、报表输出、曲线显示等各个环节，均有丰富的功能组件和常用图形库可供选择。

③ 建立实时数据库，便于用户分步组态，保证系统安全可靠运行。

④ "面向窗口"的设计方法，增加了可视性和可操作性。以窗口为单位，构造用户运行系统的图形界面，使得 MCGS 的组态工作既简单直观，又灵活多变。

⑤ 利用丰富的"动画组态"功能，快速构造各种复杂生动的动态画面。以图形、数据、曲线等多种形式，为操作者及时提供系统运行中的状态、品质及异常报警等有关信息。

⑥ 引入"运行策略"的概念。复杂的工程作业，其运行流程都是分支的，用传统的编程方法实现既烦琐又容易出错，MCGS 开辟了"策略窗口"，用户可以选用系统提供的各种条件和功能的"策略构件"。

⑦ MCGS 中数据的存储不再使用普通的文件，而是用数据库来管理。

3. MCGS 的组成

按使用环境分，MCGS 由"MCGS 组态环境"和"MCGS 运行环境"两部分组成，两部分互相独立，又紧密相关，如图 4-23 所示。

图 4-23　MCGS 组成示意图

MCGS 组态环境是生成用户应用系统的工作环境，用户在 MCGS 组态环境中完成动画设计、设备连接、控制流程编写、工程报表编制等全部组态工作后，生成扩展名为.mcg 的工程文件（又称为组态结果数据库），其与 MCGS 运行环境一起，构成了用户应用系统，统称为"工程"。在 MCGS 运行环境中完成对工程的控制工作，如图 4-24 所示。

按组成要素分，MCGS 工程由主控窗口、设备窗口、用户窗口、实时数据库和运行策略 5 部分构成，如图 4-25 所示。

（1）主控窗口

主控窗口是工程的主窗口或主框架。在主控窗口中，可以放置一个设备窗口和多个用户窗口，负责调度和管理这些窗口的打开或关闭。主要的组态操作包括定义工程的名称、编制工程菜单、设计封面图形、确定自动启动的窗口、设定动画刷新周期、指定数据库存盘文件名称及存盘时间等。

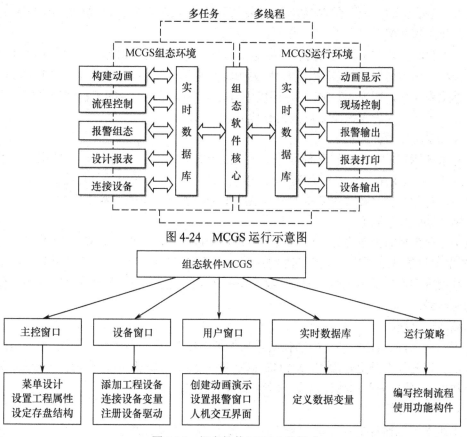

图 4-24　MCGS 运行示意图

图 4-25　组态软件 MCGS 的组成

（2）设备窗口

设备窗口是连接和驱动外部设备的工作环境。在本窗口内，主要的操作包括配置数据采集与控制输出设备，注册设备驱动程序，定义连接与驱动设备用的数据变量等。

（3）用户窗口

用户窗口主要用于设置工程中人机交互的界面，诸如生成各种动画显示画面、报警输出、数据与曲线图表等。

（4）实时数据库

实时数据库是工程各个部分的数据交换与处理中心，它将工程的各个部分连接成有机的整体。在本窗口内定义不同类型和名称的变量，作为数据采集与处理、输出控制、动画连接及设备驱动的对象。

（5）运行策略

运行策略主要完成工程运行流程的控制，包括编写控制程序（if...then 脚本程序），选用各种功能构件，如数据提取、历史曲线、定时器、配方操作、多媒体输出等。

4．MCGS 组态设计过程

一般来说，MCGS 组态设计工作可按以下步骤完成。

（1）工程项目系统分析

分析工程的系统构成、技术要求和工艺流程，弄清系统的控制流程和测控对象的特征，明确监控要求和动画显示方式，分析工程中的设备采集及输出通道与软件中实时数据库变量的对应关系，分清哪些变量是要求与设备连接的，哪些变量是软件内部用来传递数据及动画显示的。

（2）搭建工程框架

创建新工程时，MCGS 的主要内容包括定义工程名称、主控窗口名称和设备窗口（主控窗口退出后接着显示的窗口）名称，指定存盘数据库文件的名称及存盘数据库，设定动画刷新的周期。经过此步操作，即在 MCGS 组态环境中建立了由 5 部分组成的工程结构框架。主控窗口和设备窗口可等到用户窗口建立后，再行建立。

（3）设计菜单基本体系

为了对系统运行的状态及工作流程进行有效的调度和控制，通常要在主控窗口内编制菜单。编制菜单分两步进行，首先搭建菜单的框架，再对各级菜单命令进行功能组态。在组态过程中，可根据实际需要，随时对菜单的内容进行增加或删除，不断完善工程的菜单。

（4）制作动画显示画面

动画制作分为静态图形设计和动态属性设置两个过程。前一部分类似于"画画"，用户通过 MCGS 中提供的基本图形元素及动画构件库，在用户窗口内"组合"成各种复杂的画面。后一部分则设置图形的动画属性，与实时数据库中定义的变量建立相关性的连接关系，作为动画图形的驱动源。

（5）编写控制程序

在运行策略内，从策略构件箱中选择所需功能策略构件，构成各种功能模块（称为策略块），由这些模块实现各种人机交互操作。MCGS 还为用户提供了编程用的功能构件（称为"脚本程序"功能构件），使用简单的编程语言，即可编写工程控制程序。

（6）完善菜单按钮功能

此项工作主要包括对菜单命令、监控器件、操作按钮的功能组态；实现历史数据、实时数据、各种曲线、数据报表、报警信息输出等；建立工程安全机制等。

（7）编写程序调试工程

利用调试程序产生的模拟数据，检查动画显示和控制程序是否正确。

（8）连接设备驱动程序

选定与设备相匹配的设备构件，连接设备通道，确定数据变量的数据处理方式，完成设备属性的设置。此项操作在设备窗口内进行。

（9）工程完工综合测试

最后测试工程各部分的工作情况，完成整个工程的组态工作，实施工程交接。

5. MCGS 常用术语

工程：用户应用系统的简称，在 MCGS 组态环境中生成的文件称为工程文件。

对象：操作目标与操作环境的统称，如窗口、构件、数据、图形等。

选中对象：单击窗口或对象，使其处于可操作状态，称此操作为选中对象。

组态：在窗口环境内，进行对象的定义、制作和编辑并设定其状态特征（属性）参数，将此项工作称为组态。

属性：对象的名称、类型、状态、性能及用法等特征的统称。

构件：具备某种特定功能的程序模块。用户对构件设置一定的属性，并与定义的数据变量相连接，即可在运行中实现相应的功能。

变量类型：MCGS 定义的变量有 5 种类型，即数值型、开关型、字符型、事件型和组对象型。

事件对象：用来记录和标识某种事件的产生或状态的改变。

策略：对系统运行流程进行有效控制的措施和方法。

启动策略：在进入运行环境后首先运行的策略，只运行一次，完成系统初始化的处理。该策略由 MCGS 自动生成，具体处理的内容由用户填充。

循环策略：按照用户指定的时间周期，循环执行策略块内的内容，通常用来完成流程控制任务。

退出策略：退出运行环境时执行的策略。该策略由 MCGS 自动生成，自动调用，一般由该策略完成系统结束运行前的善后处理工作。

用户策略：由用户定义，用来完成特定的功能。用户策略一般由按钮、菜单、其他策略来调用执行。

父设备：本身没有特定功能，但可以和其他设备一起与计算机进行数据交换的硬件设备，例如串口父设备。

子设备：必须通过一种父设备与计算机进行通信的设备。

4.3.2 组态实例

1. 实例效果

① 在画面 0 中新建两个按钮（"按钮 01"及"按钮 02"）、一个指示灯（"指示灯 01"）。

②"按钮 01"用于将 FX 系列 PLC 中的 M0 置位。

③"按钮 02"用于将 FX 系列 PLC 中的 M0 复位。

④"指示灯 01"利用红、黑两种颜色指示 FX 系列 PLC 中 Y00 的状态：当 Y00 状态为 1 时，指示灯显示红色；当 Y00 状态为 0 时，指示灯显示黑色。

2. 实例建立步骤

（1）新建工程

双击 MCGS 软件进入 MCGS 组态环境，单击"文件"→"新建工程"选项，如图 4-26 所示，新建一个工程，系统默认存储地址为"X:\X\MCGSE\WORK\新建工程"。

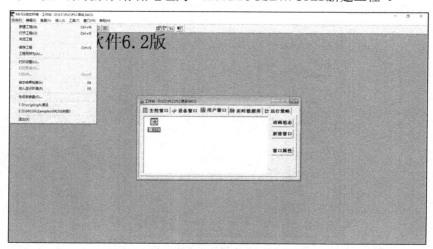

图 4-26 MCGS 新建工程界面工具栏入口

（2）组态实时数据库

① 在图 4-26 中选择"实时数据库"选项，单击"新增对象"按钮两次，在列表框中就会出现两个新建立的内部数据对象，名称分别为 Data1 和 Data2，如图 4-27 所示。

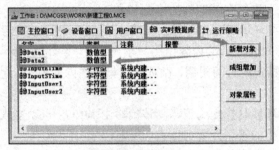

图 4-27　增添数据对象

② 双击"Data1"数据对象，在弹出的属性对话框中对其属性进行如图 4-28 所示的设置，其他设置默认即可。设置完毕后，单击"确认"按钮退出。

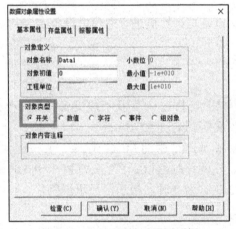

图 4-28　Data1 属性设置对话框

③ 双击"Data2"数据对象，在弹出的属性对话框中对其属性进行如图 4-29 所示的设置，其他设置默认即可。设置完毕后，单击"确认"按钮退出。

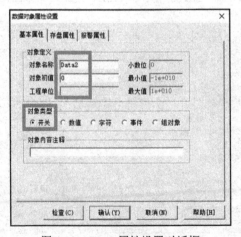

图 4-29　Data2 属性设置对话框

（3）组态设备窗口

① 在图 4-26 中选择"设备窗口"选项，单击"设备窗口"图标，弹出"设备组态：设备窗口"对话框，如图 4-30 所示。

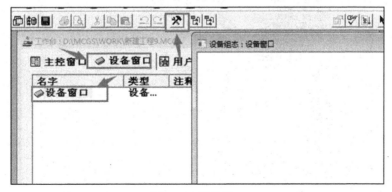

图 4-30　设备窗口

② 单击图 4-30 中的 ✖ 图标，在弹出的"设备工具箱"中单击"设备管理"按钮，弹出"设备管理"对话框，如图 4-31 所示。

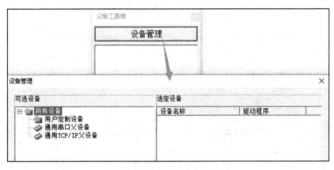

图 4-31　设备管理界面

③ 双击图 4-31 中左侧的"通用串口父设备"选项，将其添加至右侧列表框中，如图 4-32 所示。

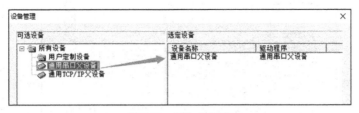

图 4-32　添加父设备

④ 与上一步操作相同，双击图 4-31 左侧的"三菱_FX 系列编程口"选项，将其添加至右侧列表框中，如图 4-33 所示。同样添加"三菱_Q 系列串口"。

⑤ 添加完毕后，双击"设备工具箱"中的"通信串口父设备"、"三菱_FX 系列编程口"及"三菱_Q 系列串口"选项，将其添加至 MCGS 设备窗设置对话框中，如图 4-34 所示。

⑥ 在图 4-34 中，双击"通用串口父设备 0"，设置其参数，具体如图 4-35 所示。

⑦ 同理，双击图 4-34 中的"三菱_FX 系列编程口"，在弹出的"设备编辑窗口"中对其基本属性进行设置，如图 4-36 所示。

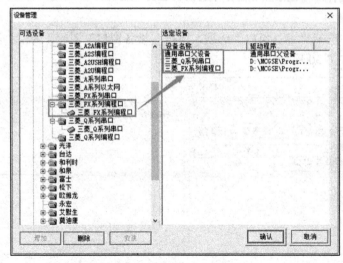

图 4-33　添加三菱 FX 系列设备

图 4-34　添加设备

图 4-35　通用串口设备属性设置

⑧　在图 4-36 中，选择"设置设备内部属性"，单击其右侧的▦按钮，在弹出的"三菱_FX
系列编程口通道属性设置"对话框中添加 MCGS 与 PLC 之间的数据通道，单击"增加通道"
按钮，在弹出的"增加通道"对话框中进行如图 4-37 所示的设置。

⑨　同理，添加另一个通道，如图 4-38 所示。

⑩　观察图 4-36 右侧的通道链接数据，对 PLC 中的数据与 MCGS 的内部数据进行一一对
应，单击"确认"按钮，退出设备属性设置。

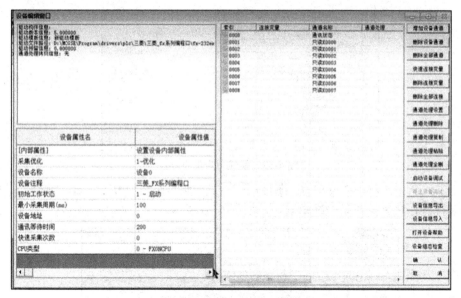

图 4-36　设备编辑窗口设置

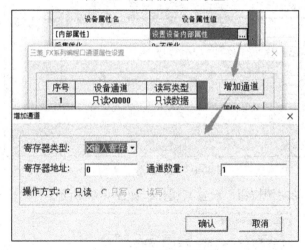

图 4-37　增加通道及设置

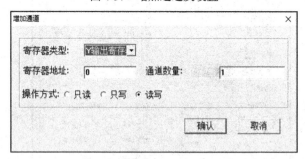

图 4-38　增加另一个通道及设置

（4）组态用户窗口

在图 4-26 中选择"用户窗口"选项，单击"新建窗口"按钮，创建一个新的用户窗口，选择"窗口 0"图标并右键单击，在弹出的下拉菜单中选择"设置为启动窗口"选项，如图 4-39 所示。

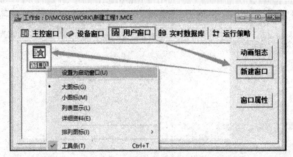

图 4-39　新建用户窗口

① 在图 4-39 中，双击"窗口 0"图标，打开"动画组态窗口 0"界面，选择"工具箱"中的按钮及椭圆，将其插在画面编辑器中，如图 4-40 所示。

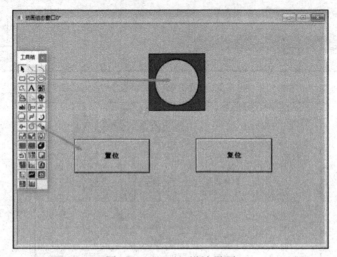

图 4-40　MCGS 设计界面

② 双击图 4-40 中的左侧按钮，设置其属性，如图 4-41 所示。

图 4-41　置位按钮属性设置

③ 双击图 4-40 中的右侧按钮，设置其属性，如图 4-42 所示。

④ 双击图 4-40 中的椭圆，按如图 4-43 所示设置其属性和填充颜色。

图 4-42　复位按钮属性设置

（a）设置椭圆属性

（b）设置填充颜色

图 4-43　椭圆属性设置

（5）编写 PLC 程序

利用 GX Works2 软件编写如图 4-44 所示的梯形图，并下载至 PLC 中。

图 4-44　梯形图

（6）效果验证

单击图 4-26 中的"文件"→"进入运行环境"选项，进入 MCGS 运行环境，即可验证组态结果，如图 4-45 所示。

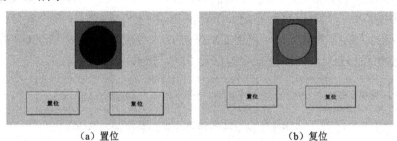

（a）置位　　　　　　　　　　　（b）复位

图 4-45　组态结果

第5章　全虚拟仿真三菱 PLC 控制系统

5.1　全虚拟仿真三菱 PLC 控制系统概述

在实验室中，由于受到经费、场地等条件的限制，采用全线下实战形式实现复杂的 PLC 控制系统显得很困难。半虚半实形式的实践虽然可以将被控对象、执行机构等在触摸屏或 PC 机上虚拟实现，在很大程度上解决了上述问题，但因为需要 PLC 实体，没法完全实现在网上远程做实验。为了完全开放 PLC 的实验，不受任何时间、地点的限制，需要开发全虚拟仿真形式的 PLC 控制系统。

全虚拟仿真 PLC 控制系统的实现对 PLC 的普及教育具有良好的实际意义，可以完全脱离硬件，将所有的实验器件都采用虚拟仿真的形式，仅使用一台 PC 机即可完成整个 PLC 控制系统的设计与仿真调试。全虚拟仿真 PLC 控制系统的框图如图 5-1 所示。与半虚半实系统相比，在全虚拟仿真 PLC 控制系统中，虚拟的 PLC 和组态软件 MCGS 之间需要虚拟的中间桥梁模块。

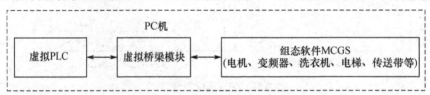

图 5-1　全虚拟仿真 PLC 控制系统的框图

在全虚拟仿真 PLC 控制系统中，不仅 PLC 的型号可以任意选择，不受限制，而且可以在 PC 机上虚拟仿真、调试一些无法在实验室现场实物操作的复杂控制系统，实验内容能够更贴近实际的工业控制系统，同时线上虚拟的仿真实验可以在异地进行，更方便学生操作，大大方便了 PLC 的实验教学与研究，为开放实验室打下基础。

5.2　虚拟三菱 PLC 与组态软件 MCGS 的通信

组态软件 MCGS 与虚拟三菱 PLC 之间的通信如图 5-2 所示，它们之间的通信需要用到 MX OPC 作为中间桥梁。为实现这种通信，需要在 PC 机上安装好以下 3 个软件：MX OPC、MCGS、GX Works2。前文讲述了如何使用 GX Works2 软件编写梯形图、MCGS 的使用方法，本节侧重于讲述如何通过 MX OPC 完成虚拟三菱 PLC 与 MCGS 的通信。

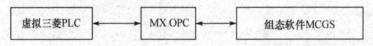

图 5-2　组态软件 MCGS 与虚拟三菱 PLC 之间的通信

MX OPC 是三菱 OPC 服务软件，适用于三菱全系列 PLC 和 MCGS 的连接。虚拟三菱 PLC 与 MCGS 的通信可以细分为以下两部分：虚拟 PLC 与 MX OPC 的通信、MX OPC 与 MCGS 的通信。

5.2.1 虚拟PLC与MX OPC的通信

首先打开 GX Works2，观察当前应用场景下所需要进行通信的对象，如图 5-3 所示的开关控制电路所需通信的对象为 M0、Y0。

图 5-3　开关控制电路

虚拟三菱 PLC 与
MCGS 的通信

确认好所需要通信的对象之后，打开 MX OPC，直接按下快捷键 Ctrl+R 或者右击鼠标，弹出如图 5-4 所示对话框。单击 Configure 按钮配置相关信息，将 PC side I/F 设置为 GX Simulator2、CPU Series 设置为 FXCPU，如图 5-5 所示。参数设置完成之后，一直单击 Next 按钮，即可新建 MX DEVICE。

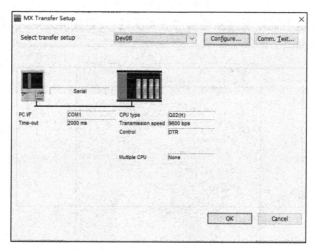

图 5-4　新建 MX DEVICE

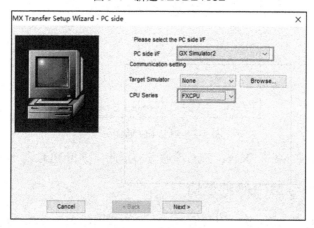

图 5-5　参数设置

新建好 MX DEVICE 之后，可以将需要进行通信的对象添加到 MX DEVICE 中。依次右键单击创建好的 MX DEVICE，在弹出的下拉菜单中选择 New DataTag 新建数据通道，如图 5-6 所示。

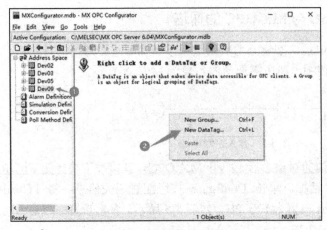

图 5-6　新建数据通道

在随即弹出的对话框中设置所建立通道的各种属性,设置完成之后,单击 Save 按钮保存。图 5-7 中建立的通道为 M0。

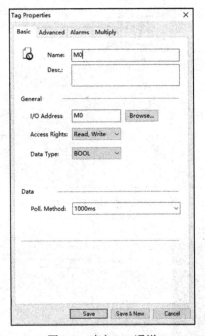

图 5-7　建立 M0 通道

依次类推,可以建立 Mxx、Xxx、Yxx 等通道。至此,虚拟 PLC 与 MX OPC 通信成功。

5.2.2　MX OPC 与 MCGS 的通信

完成上述虚拟 PLC 与 MX OPC 的通信后,下一步要完成 MX OPC 与 MCGS 的通信。在 MX OPC 开启状态下,打开 MCGS 并新建工程,在"实时数据库"中添加 M0、Y0 两个数据对象。之后,单击"设备窗口"添加 OPC 设备(若无 OPC 设备,单击"设备工具箱"的"设备管理"按钮添加即可),再单击该 OPC 设备绑定 OPC 服务器,如图 5-8 所示。

添加 OPC 设备之后,选择 OPC 设备的"通道连接"选项,单击"查询通道"按钮,并将通道添加到 OPC 设备中,如图 5-9 所示。

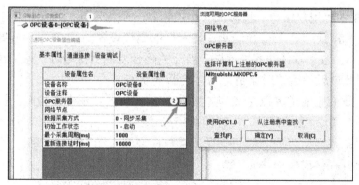

图 5-8　添加 OPC 服务器

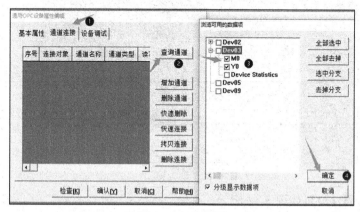

图 5-9　添加通道

单击"确定"按钮,将通道添加到 OPC 设备之后,需要将通道与数据库中对应的对象相连接,随后弹出如图 5-10 所示窗口。将对应的数据对象填写到"连接对象"中,最后单击"确认"按钮,即可完成虚拟 PLC 与 MCGS 的通信。

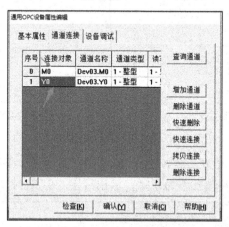

图 5-10　通道连接

5.3　全虚拟仿真 PLC 控制系统简单实例

下面举一个简单的例子,完成功能为关联输入通道 M0 与输出通道 Y0 的操作。功能要求是:按一下输入按钮,指示灯亮;再按一下输入按钮,指示灯熄灭。

首先在 MCGS 的"用户窗口"里添加一个按钮和一个指示灯，将此按钮功能设置为：按下后，M0 的值不为 0，为其添加颜色动画；指示灯的属性设置为：Y0 不为 0 时，将指示灯颜色设置为红色（注意：由于软件兼容性问题，当开关闭合或线圈得电时，MCGS 中对应数据的值为-1 而非 1，因此一般使用该对象是否为零判断其状态）。

在 5.2 节中，我们完成了虚拟 PLC 与 MCGS 的通信及梯形图的绘制，因此，只需要在 MCGS 中完成图 5-11 所示动画窗口的内容即可完成该实例。

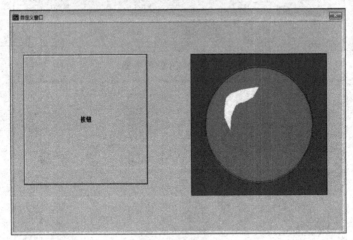

图 5-11　动画窗口

按钮和指示灯属性设置如图 5-12 所示。

（a）按钮属性　　　　　　　　　　　（b）指示灯属性

图 5-12　按钮和指示灯属性设置

在 GX Works2 中创建一个新工程，选择 PLC 为 FX 系列，PLC 类型为 FX3U。编制如图 5-13 所示的梯形图，使 M0 输入不为 0 时，输出线圈 Y0 闭合，并单击图标模拟运行。

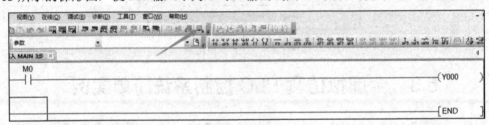

图 5-13　梯形图

在 MCGS 中单击运行按钮，进入 MCGS 运行环境，如图 5-14 所示。按一下按钮，指示灯亮；再按一下按钮，指示灯熄灭，则说明实验成功。

图 5-14　运行 MCGS

5.4　全虚拟仿真 PLC 全自动洗衣机控制系统实例

上一节点亮指示灯的例子很简单，本节详细介绍一个较复杂的全自动洗衣机控制系统实例，旨在使读者能够举一反三。

5.4.1　全自动洗衣机的控制要求

首先需要明确全自动洗衣机的具体控制要求，根据控制要求进行整体布局的规划，然后分模块逐步完成，最终实现全自动洗衣机。具体控制要求为：

全自动洗衣机

① 按下"启动"按钮后，洗衣机开始进水，达到设定的水位后，停止进水。

② 开始洗衣后，洗衣机正转 5s，停 2s；反转 5s，停 2s。

③ 循环共 3 次后开始排水，排空后脱水 5s。

④ 再次进水，重复步骤②至步骤③，循环共 2 次。

⑤ 洗衣过程完成，报警 5s 并自动停机。

5.4.2　系统设计思路

系统总体设计包括全自动洗衣机的梯形图设计和其对应的 MCGS 设计两部分。在梯形图设计中，明确 I/O 口配置，完成控制功能的实现，再通过设置 MCGS 中的"设备窗口"，将 PLC 与 MCGS 进行连接，从而实现全虚拟仿真。

5.4.3　梯形图设计

全自动洗衣机的梯形图设计和调试在软件 GX Works2 中实现。洗衣机要实现上述功能，需要运用到 PLC 梯形图编写的基础知识。利用计数器 C1 和 C2 完成两个循环结构，通过多个开关和定时器的配合，实现全自动洗衣机的基本功能。梯形图具体由单循环洗衣模块、多循环洗衣模块、甩干脱水模块、再进水多洗模块、结束后报警模块 5 个模块组成。

1. 单循环洗衣模块

单循环洗衣模块实现预设的正转 5s、停机 2s 和反转 5s、停机 2s 的功能，其梯形图如图 5-15 所示，M0 为启动的常开触点，当启动按钮被按下时，Y001 得电，洗衣机开始进水。进水结束后，M1 常开触点闭合，T1 开始正转 5s 的计时，同时 Y001 开始正转。当 T1 计时结束后，第四行 T1 的常开触点闭合，计时器 T2 开始工作，洗衣机停机 2s。完成停机后，T2 常开触点闭合，加上 T3 的常闭触点，洗衣机开始反转，T3 开始计时 5s。反转结束后，图 5-16 中的 T3 常开触点闭合，系统经过 T4 计时 2s 后，图 5-16 中 T4 的所有常开触点闭合。

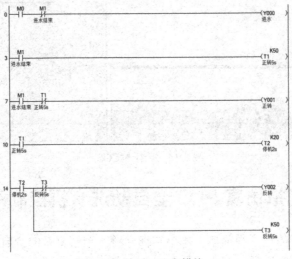

图 5-15　单循环洗衣模块

2. 多循环洗衣模块

接下来就是利用计数器将单循环洗衣模块循环重复 3 次，其梯形图如图 5-16 所示。T4 常开触点闭合后，计数器 C1 得电计数一次，并通过 RST　T1 指令使得计数器 T1 重置，重复上述操作。

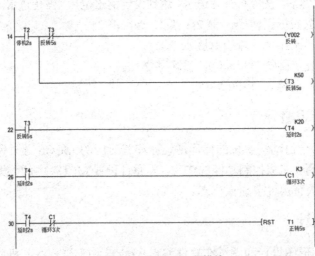

图 5-16　多循环洗衣模块

3. 甩干脱水模块

当计数器 C1 记为 3 时，图 5-17 所示的甩干脱水模块中 C1 的常开触点闭合，Y003 得电，开始脱水。脱水结束后，M2 常开触点闭合，Y004 得电，洗衣机开始脱水并计时 5s，计时结束后，T5 常闭触点打开。

4. 再进水多洗模块

脱水计时结束后，图 5-18 所示再进水多洗模块的 T5 常开触点闭合，将上述 M1、M2、T8、C1、T1 全部重新置位，洗衣机重新开始进水，将上述环节循环一次。

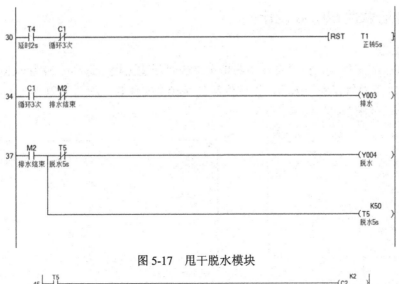

图 5-17　甩干脱水模块

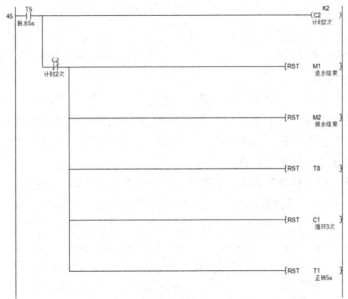

图 5-18　再进水多洗模块

5．结束后报警模块

完成上述全部循环后，图 5-18 中的 C2 常闭触点断开。同时，图 5-19 所示的结束后报警模块中的 C2 常开触点闭合，指示灯开始闪烁 5s，完成后结束程序。

图 5-19　结束后报警模块

通过以上操作，全自动洗衣机 PLC 编程部分的基本功能全部设计完成。

5.4.4 组态软件 MCGS 设计

1. 建立工程

打开 MCGS 组态环境,在"文件"菜单中单击"新建工程"选项,如图 5-20 所示。新建工程后,单击"工程另存为"选项,设置保存的路径及文件名,如图 5-21 所示。

 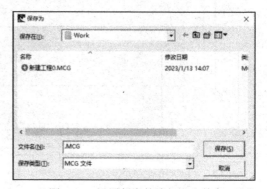

图 5-20　新建工程　　　　　　　　图 5-21　设置保存的路径及文件名

2. 建立实时数据库

如图 5-22 所示,单击"实时数据库"选项,新建数据变量。在添加过程中,首先单击"新增对象"按钮,双击"名字"选项,弹出如图 5-23 所示的"数据对象属性设置"对话框,在对话框中更改"对象名称"及"对象类型",对于有初值的变量,可以在"对象初值"栏中进行设定,根据自己的设计需求进行设定即可。

如图 5-23 所示,以"启动"为例,更改"对象名称"为"启动",设置"对象类型"为"开关",单击"确认"按钮。通过此操作,在实时数据库中增加了开关型"启动"变量。

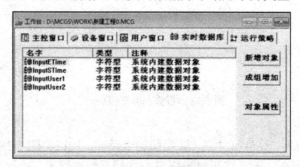

图 5-22　建立数据库

3. 设计用户窗口

用户窗口具体由建立窗口动画、设置标签、添加按钮、添加指示灯、导入洗衣机图片、绘制管道、设计滚筒转轴、连接设备 8 个模块组成。

（1）建立窗口动画

如图 5-24 所示,单击"用户窗口"选项,单击"窗口属性"按钮,弹出"用户窗口属性设置"对话框,如图 5-25 所示。将"基本属性"下的"窗口名称"命名为"基于 PLC 及 MCGS 的全自动洗衣机",并设置"窗口位置"为"屏幕中间显示","窗口边界"为"固定边"。再在图 5-24 所示的用户窗口图标上右键单击,在快捷菜单中选择"设置为启动窗口"。

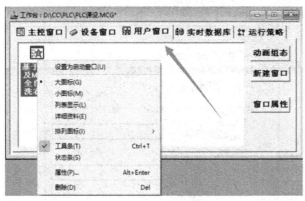

图 5-23　数据对象属性设置

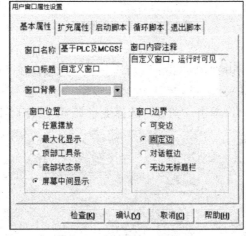

图 5-24　设置启动窗口

图 5-25　用户窗口属性设置

（2）设置标签

在图 5-24 中单击"动画组态"按钮，进入窗口动画的组态编辑开发界面，制作相关动画。如图 5-26 所示，在"工具箱"中单击 **A**（标签）选项，根据需求绘制标签，再双击该标签，弹出"动画组态属性设置"对话框，将"边线颜色"设置为"无边线颜色"，如图 5-27 所示，单击"确认"按钮。同理可设置其他标签。

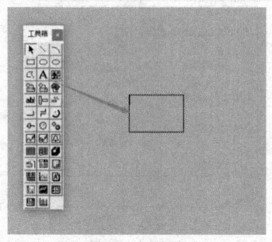

图 5-26 新增标签

图 5-27 设置标签属性

（3）添加按钮

如图 5-28 所示，在"工具箱"中单击 ┛（标准按钮）选项，在"动画组态窗口 0"中添加标准按钮，再双击该按钮，进入"标准按钮构件属性设置"对话框，在"操作属性"中选择"数据对象值操作"，选择"置 1"，单击 ? 图标，选择变量类型，如图 5-29 所示。

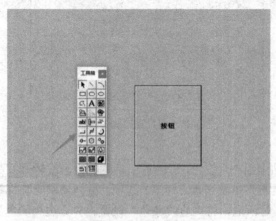

图 5-28 添加按钮

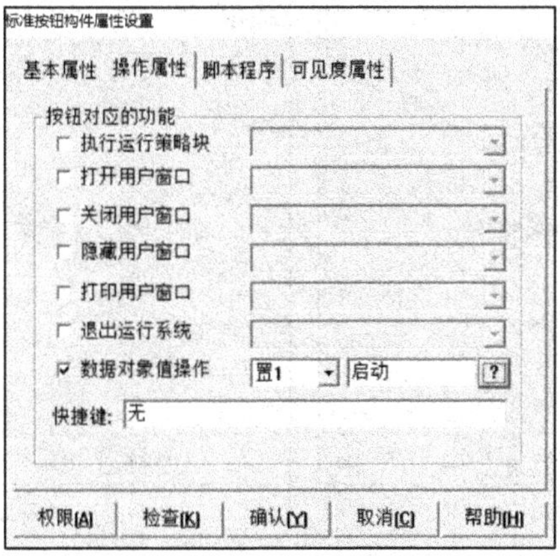

图 5-29 按钮属性设置

（4）添加指示灯

为了观察方便，可以在每个按钮后添加一个指示灯。在如图 5-30 所示的"工具箱"中单击 🔲 插入对象元件，弹出如图 5-31 所示对话框，在"对象元件列表"中选择"指示灯 16"，双击指示灯图标，弹出"单元属性设置"对话框，如图 5-32 所示。在"动画连接"选项中，选择"连接表达式"，单击 → 图标，进行动画组态属性设置，如图 5-33 所示。若选择表达式"启动=1"，即"对应图符可见"；若选择表达式"启动=0"，即"对应图符不可见"，单击"确认"按钮。同理，可为其他按钮增设指示灯。

图 5-30　工具箱

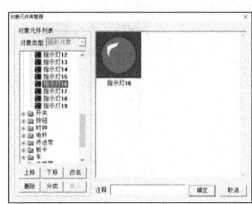

图 5-31　添加指示灯

图 5-32　单元属性设置

(a) 对应图标可见　　　　　　　　　　(b) 对应图标不可见

图 5-33　动画组态属性设置

（5）导入洗衣机图片

在图 5-30 所示的"工具箱"中选择 插入对象元件，此处可选择如图 5-34 所示的"反应器 16"，其在一定程度上和洗衣机的外形有所相似，单击"确定"按钮即可添加。也可以通过网页搜寻并下载所需要的图片，如图 5-35 所示，单击"工具箱"中的 （位图）选项，根据需求绘制位图，在位图上右键单击，在弹出的快捷菜单中选择"装载位图"选项，弹出如图 5-36 所示对话框，找到对应的文件，单击"确认"按钮。

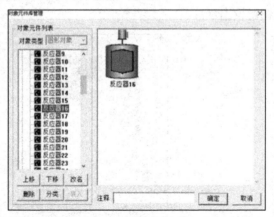

图 5-34　插入反应器

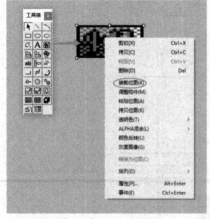 

图 5-35　装载位图　　　　　　　　　图 5-36　从文件中装载图像

（6）绘制管道

如图 5-37 所示，在图 5-30 所示的"工具箱"中选择 ⊩（流动块）选项，并绘制出管道走线。绘制完毕后，双击管道，弹出"流动块构件属性设置"对话框，设置流动块颜色、填充颜色、流动块宽度/长度、流动方向、流动速度等基本属性，如图 5-38 所示。然后，单击"流动属性"选项，设置流动条件，如图 5-39 所示。选择表达式"进水=1"时，即"流动块开始流动"，开始进水，满足实际需求，单击"确认"按钮。同理可绘制出水管道，这里省略。

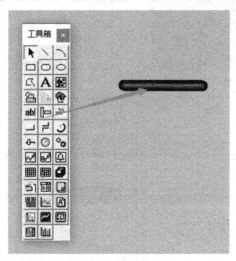

图 5-37　绘制流动块

图 5-38　设置出水管道

图 5-39　流动属性设置

（7）设计滚筒转轴

可以采用以下两种方法来设计滚筒转轴。

① 直接设置动画。

首先在图 5-30 所示的"工具箱"中选择 ▭（矩形），绘制需要的图案，如图 5-40 所示。然后双击矩形进行属性设置，按照需求选择填充颜色、边线颜色等属性，如图 5-41 所示。右键单击绘制好的矩形，弹出如图 5-42 所示菜单，单击"转换为多边形"选项，弹出"动画组态属性设置"对话框，选择"旋转动画"，如图 5-43 所示。单击"旋转动画"选项卡，"表达式"选择"正转"。当表达式=0 时，最小旋转角度为 0；当表达式=360 时，最大旋转角度为360°，满足要求。如图 5-44 所示。

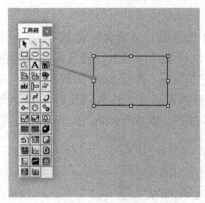

图 5-40　添加矩形

图 5-41　滚筒转轴

图 5-42　设置滚筒转轴形状

图 5-43　滚筒转轴动画组态设置

图 5-44　修改旋转动画

② 利用脚本程序编写动画。在具体旋转过程中，也可以利用脚本程序进行编写。

如图 5-45 所示，双击"循环策略"选项，进入如图 5-46 所示的"策略组态：循环策略"对话框，在空白处右键单击，在弹出的菜单中选择"新增策略行"选项，如图 5-47 所示。双击 图标，设置循环策略运行时间为 100，表示每 100ms 运行一次。如图 5-48 所示，右键单击策略行，在弹出的菜单中选择"策略工具箱"选项。如图 5-49 所示，在"策略工具箱"中选择"脚本程序"选项，插入脚本程序，如图 5-50 所示，在此编写对应的组态动画程序。编写完成后，单击"检查"按钮，若无报错，单击"确定"按钮，退出脚本程序的编写。

图 5-45　设置循环策略

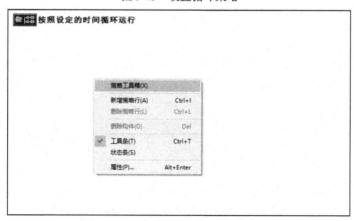

图 5-46　"策略组态：循环策略"对话框

图 5-47　策略属性设置

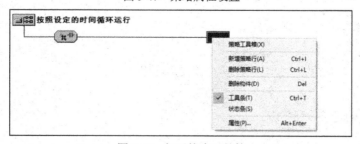

图 5-48　打开策略工具箱

图 5-49　插入脚本程序

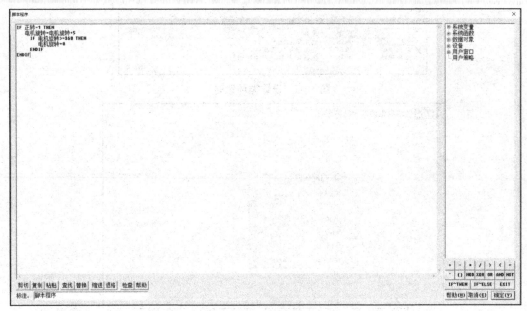

图 5-50　脚本程序

（8）连接设备

用户窗口设计完毕后，连接父设备、子设备，将 PLC 的所用 I/O 口与实时数据库中的数据建立联系。MCGS 组态工程制作完毕后，在图 5-20 所示的"文件"菜单下单击"进入运行环境"（或按快捷键 F5），即可运行组态工程。最终效果展示如图 5-51 所示。

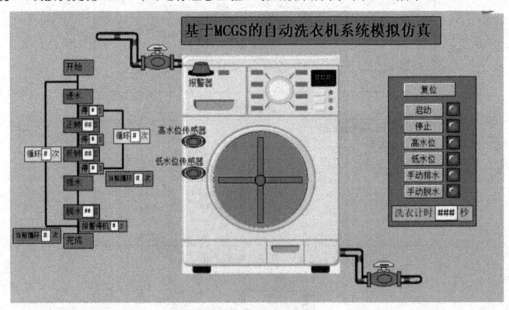

图 5-51　最终效果展示

第6章 全虚拟仿真西门子 PLC 控制系统

6.1 概 述

虚拟西门子 PLC 与组态软件 MCGS 之间的通信通过 S7-PLCSIM Advanced V3.0 来实现，S7-PLCSIM Advanced V3.0 是西门子公司推出的一款高性能仿真器，其显著特点是可以实现仿真通信功能。

虚拟西门子 PLC 与组态软件 MCGS 之间的通信如图 6-1 所示，西门子 PLC 仿真软件 TIA Portal V16 将梯形图下载到 S7-PLCSIM Advanced V3.0 创建的 PLC 虚拟机中，PLC 虚拟机与 MCGS 通过 TCP/IP 协议，用以太网建立联系，相互传递信号，并且 PLC 仿真软件在线模式下可以接收虚拟机各通道的状态并显示。由于连接是建立在 TCP/IP 协议之上的，通信过程稳定且延时很小，这也是西门子 PLC 相较于三菱 PLC 的一大优势。

图 6-1 虚拟西门子 PLC 与组态软件 MCGS 之间的通信

6.2 点亮指示灯的简单控制系统实例

下面以点亮一个指示灯为例，来介绍如何将虚拟西门子 PLC 与组态软件 MCGS 制作的输入设备和输出设备建立联系。具体功能要求为：按一下输入按钮，指示灯亮；再按一下输入按钮，指示灯熄灭。

6.2.1 梯形图设计及参数设置

首先打开西门子 PLC 仿真软件 TIA Portal V16，单击"创建新项目"，如图 6-2 所示，单击"打开项目视图"，如图 6-3 所示，然后出现如图 6-4 所示界面，该界面左侧的"项目树"如图 6-5 所示，选择"添加新设备"选项。

考虑兼容问题，可以选择配置较高的 S7-1500 PLC，如图 6-6 所示。

单击"确定"按钮，选择的 PLC 就出现在图 6-4 的编辑窗口中，如图 6-7 所示。双击添加的 PLC，如图 6-8 所示，在"常规"选项下单击"以太网地址"，进入"以太网地址"设置窗口，在"IP 协议"栏中进行设置，具体设置参数如图 6-9 所示。设置完成后，在"常规"选项下的"防护与安全"中选择"连接机制"，如图 6-10 所示，勾选"允许来自远程对象的 PUT/GET 通信访问"。

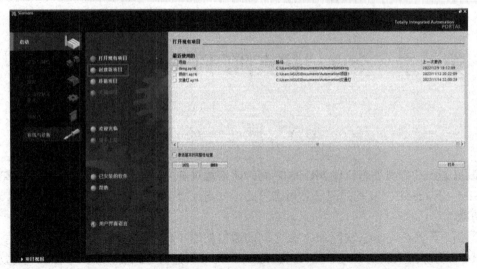

图 6-2　创建一个新项目

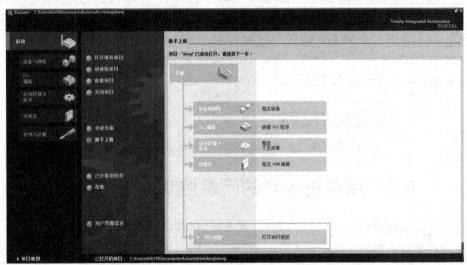

图 6-3　打开项目视图

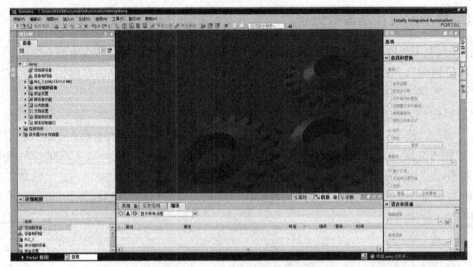

图 6-4　打开项目视图后的界面

图 6-5　添加新设备

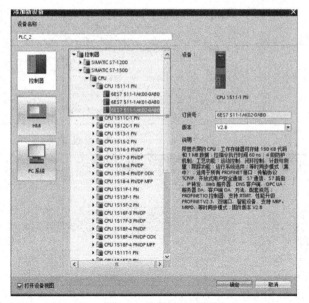

图 6-6　选择 PLC 型号

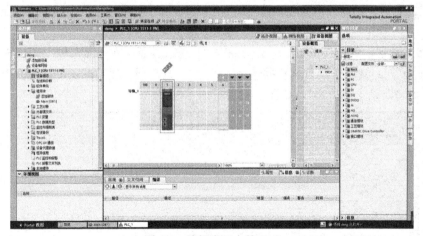

图 6-7　编辑窗口中的 PLC

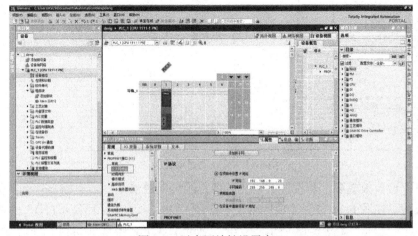

图 6-8　以太网地址设置窗口

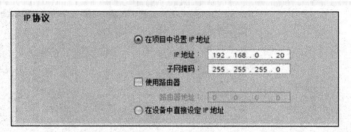

图 6-9 设置 IP 地址

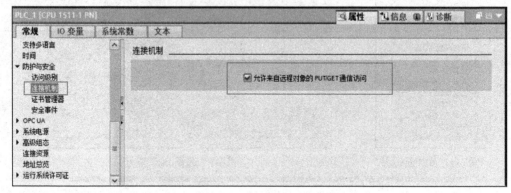

图 6-10 建立连接机制

上述设置完成后，关闭图 6-10，出现如图 6-11 所示界面。在界面左侧"项目树"中找到工程名称"deng"，右键单击项目名称并选择"属性"，查看项目属性。在项目属性中打开"保护"，勾选"块编译时支持仿真"，如图 6-12 所示。

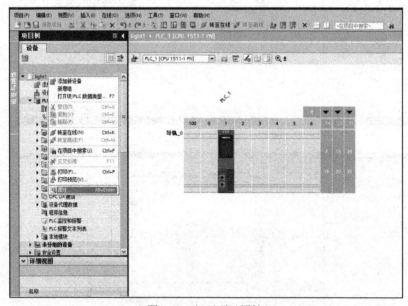

图 6-11 打开项目属性

注意：以上设置很重要，若设置不正确，将无法实现通信。

设置完成后，在图 6-11 左侧"项目树"中打开 "PLC-1 [CPU 1511-1 PN]"→"程序块"→"Main[OB1]"选项，如图 6-13 所示，双击"Main[OB1]"，出现图 6-14 所示界面，即可开始编写西门子梯形图。

图 6-12　设置 PLC 属性

图 6-13　程序块

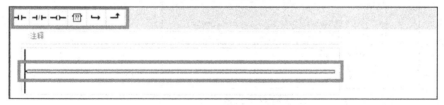

图 6-14　梯形图编写界面

　　首先选中所要编写的程序段，在右上角单击添加常用的指令，也可在右侧的"基本指令"栏中找到更多的指令，如图 6-15 所示。本次编写添加一个常开触点 M10.0，再添加一个线圈 M10.1，如图 6-16 所示，控制一个指示灯亮、灭的 PLC 梯形图就编写完成。

图 6-15　基本指令

图 6-16　控制指示灯的 PLC 梯形图

6.2.2　虚拟西门子 PLC 与组态软件 MCGS 的通信连接

梯形图编写完成后，开始创建 PLC 虚拟机。首先打开 S7-PLCSIM Advanced V3.0 软件，在 Online Access 栏中单击 ● 按钮选择 "PLCSIM Virtual Eth.Adapter"，然后在 Start Virtual S7-1500 PLC 栏中填写相关参数，进行参数设置，具体设置参数如图 6-17 所示。

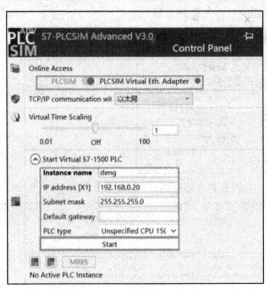

虚拟西门子 PLC 与组态软件 MCGS 的通信连接

图 6-17　设置 PLC 虚拟机

单击图 6-17 中 Start Virtual S7-1500 PLC 栏下方的 Start 按钮，启动 PLC 虚拟机。再在 PLC 仿真软件 TIA Portal V16 中，单击如图 6-18 所示的图标 🔽（下载到设备），等待加载后，出现如图 6-19 所示界面。

图 6-18　下载到设备的图标

按照图 6-19 所示设置 "PG/PC 接口的类型" 和 "PG/PC 接口"，并单击 "开始搜索" 按钮，即可找到刚才创建好的 PLC 虚拟机，如图 6-20 所示。勾选 "闪烁 LED"，观察 PLC 虚拟机上的 LED 是否会闪烁，若闪烁，则表示连接成功。

连接成功后，就可以将梯形图下载到 PLC 虚拟机中，在 TIA Portal V16 软件的工具栏中单击 图（启用/禁用监视）图标，如图 6-21 所示，则可以在线仿真调试，检查梯形图是否正常运行。若无报错，仿真运行正常，则说明梯形图编写正确。

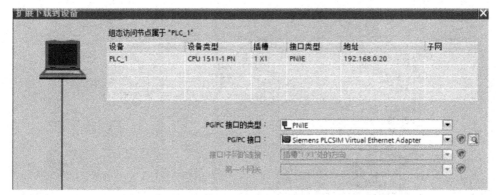

图 6-19　设置 PG/PC 接口

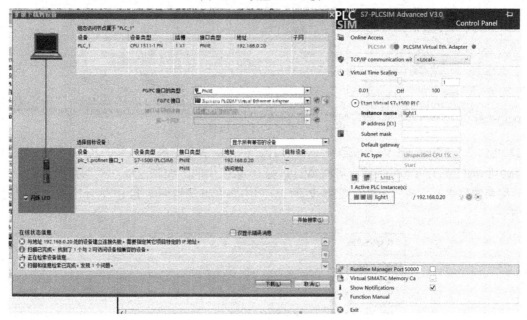

图 6-20　搜索界面

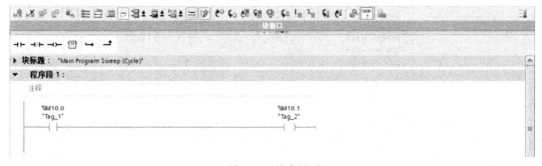

图 6-21　仿真界面

6.2.3　组态软件 MCGS 参数设置

下面在 MCGS 中搭建相应的输入设备按钮和输出设备指示灯，并进行参数设置。

在 MCGS 中需要进行一些设置，首先在"设备管理"中找到并添加"Siemens_1200"设备，如图 6-22 所示。

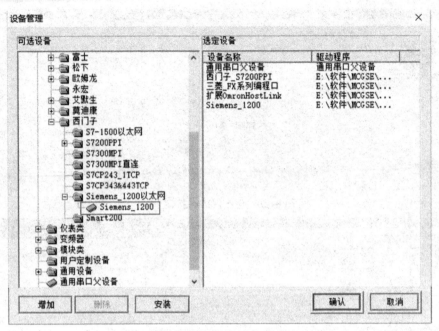

图 6-22　添加 S7-1200 PLC

　　S7-PLCSIM Advanced V3.0 安装后，会在计算机上生成一个虚拟网卡，名称为"Siemens PLCSIM Virtual Ethernet Adapter"，可在 Windows 10 系统中的"控制面板"→"网络和 Internet"→"网络和共享中心"→"更改适配器设置"选项中查看该虚拟网卡的 IP 地址等信息，如图 6-23 所示。

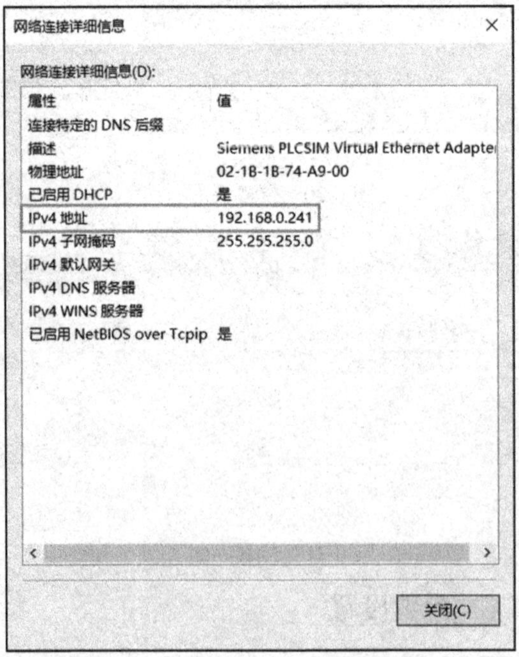

图 6-23　虚拟网卡的 IP 地址等信息

　　设备（S7-1200 PLC）在前面已添加好，在如图 6-24 所示的"设备组态：设备窗口"中双击添加好的设备，进入"设备编辑窗口"，如图 6-25 所示，在"设备属性名"中找到"本地 IP

地址"栏，然后将前面查询的虚拟网卡的 IP 地址填入其中；"远端 IP 地址"设置为 PLC 虚拟机的 IP 地址，"TCP/IP 通信延时"设置为 50。

图 6-24　设备组态：设备窗口

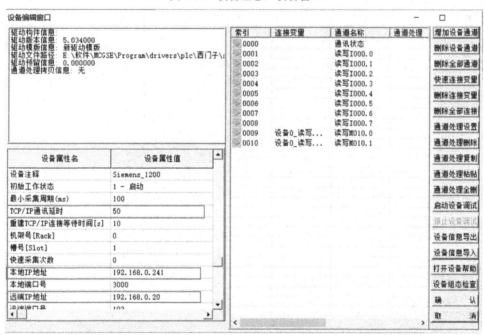

图 6-25　设备 IP 地址设置

在"动画组态窗口"中，单击如图 6-26 所示"工具箱"中的 ⌐（标准按钮）选项，并在"动画组态窗口"中画一个按钮代表开关；单击 ◯（椭圆）选项，在"动画组态窗口"中画一个椭圆代表指示灯，如图 6-27 所示。

双击按钮，打开"标准按钮构件属性设置"对话框，如图 6-28 所示，在"操作属性"选项卡中设置数据对象值，勾选"数据对象值操作"，并选择"取反"，单击 ? 进行设置，具体参数设置如图 6-29 所示。

图 6-26　工具箱

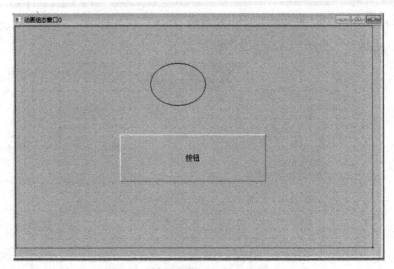

图 6-27　按钮和指示灯的示意图

图 6-28　按钮属性设置

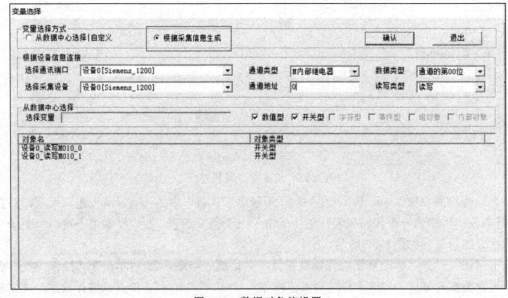

图 6-29　数据对象值设置

双击指示灯，打开"动画组态属性设置"对话框，如图 6-30 所示，在"属性设置"选项卡中勾选"填充颜色"，在"填充颜色"选项卡的"表达式"栏和"填充颜色连接"栏按照图 6-31、图 6-32 所示进行设置，其中颜色可自由选择。至此，所有设置已全部完成。

图 6-30 指示灯属性设置　　　　　　　　　　图 6-31 指示灯填充颜色设置

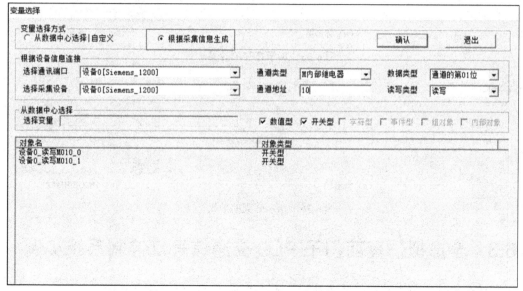

图 6-32 指示灯填充颜色表达式设置

6.2.4 效果演示

如图 6-33 所示，在 MCGS 的工具栏中单击 🖳 （下载工程并进入运行环境）按钮，弹出如图 6-34 所示界面，先单击"工程下载"按钮，待下载完成后再单击"启动运行"按钮。

图 6-33 下载工程并进入运行环境

在 MCGS 中单击按钮，如图 6-35 所示，梯形图中线圈得电，指示灯亮。
再次单击按钮，如图 6-36 所示，梯形图中线圈失电，指示灯熄灭。

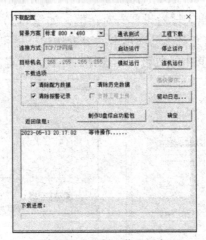

图 6-34　工程下载及运行

（a）梯形图

（b）MCGS 中显示

图 6-35　指示灯亮的效果

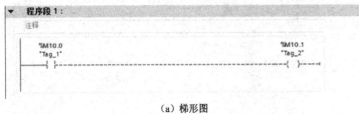
（a）梯形图

（b）MCGS 中显示

图 6-36　指示灯灭的效果

6.3　全虚拟仿真西门子 PLC 交通信号灯控制系统实例

在学习完西门子 PLC 通信设置方法后，本节将以西门子 PLC 实现全虚拟交通信号灯控制系统为例，介绍复杂的全虚拟西门子 PLC 控制系统的设计方法，希望读者可以举一反三，将来设计更加复杂的系统。

交通信号灯
控制系统

6.3.1　设计要求

基于西门子 PLC 的全虚拟交通信号灯控制系统的要求如下：

① 绿灯长亮 20s，黄灯闪烁亮 5s，红灯长亮 25s。

② 南北方向的灯与东西方向的灯相反，即南北方向为绿灯或黄灯闪烁时，东西方向为红灯，南北方向为红灯时，东西方向为绿灯或黄灯闪烁，展现十字路口交通信号灯控制系统的正常工作情况。

③ 用 MCGS 模拟两辆小车，更好地展示出绿灯行、红黄灯停的效果。

6.3.2 设计流程

系统的总体设计流程包括交通信号灯控制系统的梯形图设计、对应的 MCGS 界面设计以及两者之间的连接通信。

1. 梯形图设计

打开 TIA Portal V16 软件，首先新建项目，具体操作如 6.2.1 节所述，设置完成后就可以打开 PLC 程序块的主程序（Main）函数，编写要实验的程序。这里以南北方向交通信号灯的设置为例进行介绍。

（1）设计思路

交通信号灯控制系统要实现上述功能，需要运用到 PLC 梯形图编写的基础知识。通过多个开关和定时器的配合，设置各种颜色灯的点亮时间，使绿灯、黄灯和红灯依次亮、灭，并使用 1 个计数器实现黄灯闪烁的功能。最后，通过多个开关与输出线圈的配合，对结果进行输出，实现绿灯长亮 20s、黄灯闪烁亮 5s、红灯长亮 25s 的功能。

（2）具体设计原理

如图 6-37 和图 6-38 所示，设置按钮 M2.0 为常闭触点，通断整个系统。定时器 DB1 得电，20s 后线圈 M10.0 得电，常闭触点 M10.0 断开，计数器 DB4 的 R 端由 1 变 0，允许计数。常开触点 M10.0 闭合，定时器 DB2 得电，0.5s 后线圈 M10.2 得电，常开触点 M10.2 闭合，计数器 DB4 的 CU 端由 0 变 1，此时常开触点 M10.2 闭合，定时器 DB3 也得电，0.5s 后线圈 M10.1 得电，常闭触点 M10.1 断开，定时器 DB2 失电，M10.2 线圈失电，常开触点 M10.2 断开，定时器 DB3 失电，线圈 M10.1 失电，常闭触点 M10.1 闭合，定时器 DB2 得电，0.5s 后线圈 M10.2 得电，常开触点 M10.2 闭合，计数器 DB4 的 CU 端第二次由 0 变 1，此时常开触点 M10.2 闭合，定时器 DB3 也得电，0.5s 后线圈 M10.1 得电，常闭触点 M10.1 断开，定时器 DB2 失电，M10.2 线圈失电，常开触点 M10.2 断开，定时器 DB3 失电，线圈 M10.1 失电，常闭触点 M10.1 闭合，定时器 DB2 得电，0.5s 后线圈 M10.2 得电，常开触点 M10.2 闭合，计数器 DB4 的 CU 端第三次由 0 变 1，则线圈 M0.0 得电，常开触点 M0.0 闭合，2.5s 后，线圈 M10.3 得电，常开触点 M10.3 闭合，25s 后，线圈 M10.4 得电，常闭触点 M10.4 断开。

根据上面的控制要求，可以设置输出线圈即绿灯 Q0.0 亮 20s 后常闭触点 M10.0 断开，绿灯 Q0.0 灭。常开触点 M10.2 由计数器控制，控制线圈 Q0.1 即黄灯进行 3 次灭、亮，每次 0.5s，然后长亮 2.5s。接着常闭触点 M10.3 断开，Q0.1 线圈失电，黄灯灭。

常开触点 M10.3 闭合，Q0.2 线圈得电 25s，控制红灯亮，最后常闭触点 M10.4 断开，Q0.2 线圈失电，红灯灭，不断循环。

同理，可对东西方向交通信号灯的控制进行设计，这里不再赘述。

2. 虚拟西门子 PLC 与 MCGS 的通信连接

编写好程序后，打开 S7-PLCSIM Advanced V3.0 进行 PLC 虚拟机的一系列设置，具体操作如 6.2.2 节所述。

在 MCGS 组态环境中新建工程，如图 6-39 所示，选择 TPC 类型为"TPC7062Ti"，对组态软件 MCGS 的参数设置如 6.2.3 节所述。

3. MCGS 设计

这里以南北方向交通信号灯为例来介绍。

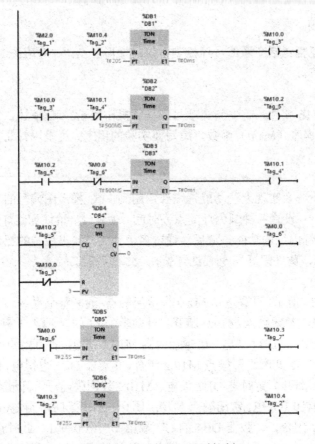

图 6-37　交通信号灯计时控制

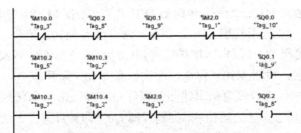

图 6-38　交通信号灯输出控制

图 6-39　MCGS 组态环境新建工程

（1）绿灯设置

在用户窗口中搭建交通信号灯，画圆圈来代表交通信号灯，双击所画圆圈进行属性设置，详细操作如 6.2.3 节所述。"属性设置"选项卡如图 6-40 所示，勾选"填充颜色"，单击"填充颜色"选项卡，对填充颜色进行设置，如图 6-41 所示，选择 0 时为灰色、1 时为绿色，单击"表达式"后面的 ? 选择设备，如图 6-42 所示，"变量选择方式"选中"根据采集信息生成"，"通道类型"选择"Q 输出继电器"，"通道地址"设置为"0"，"数据类型"选择"通道的第 00位"，其他为默认值，颜色填充表达式即为"设备 0_读写 Q000_0"。

图 6-40　属性设置

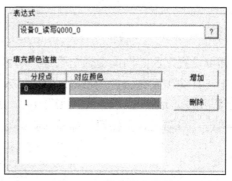

图 6-41　填充颜色设置

图 6-42　数据对象值设置

（2）黄灯设置

同理，黄灯选择 0 时为灰色、1 时为黄色，表达式为"设备 0_读写 Q000_1"，如图 6-43所示，设置方法与绿灯相同，区别在于"数据类型"选择"通道的第 01 位"。

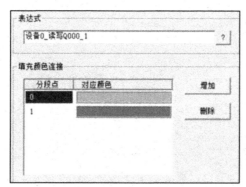

图 6-43　黄灯设置

（3）红灯设置

同理，红灯选择 0 时为灰色、1 时为红色，表达式为"设备 0_读写 Q000_2"，如图 6-44 所示，设置方法与绿灯相同，区别在于"数据类型"选择"通道的第 02 位"。

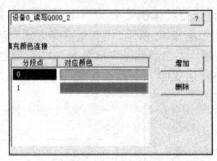

图 6-44　红灯设置

同样可设置东西方向的交通信号灯，不再赘述。

以上所有的步骤完成后，MCGS 的最终效果如图 6-45 所示。在 MCGS 的工具栏中单击 [图标]（下载工程并进入运行环境），弹出如图 6-34 所示界面，先单击"工程下载"按钮，待下载完成后再单击"启动运行"按钮，即可仿真运行整个系统。

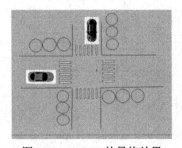

图 6-45　MCGS 的最终效果

第7章 实验指导

7.1 全线下实战篇

全线下实战篇的 PLC 型号可以使用三菱 PLC，也可以使用西门子 PLC，这里以三菱 PLC 为例介绍。

实验1 与、或、非逻辑运算实验

【实验目的】

（1）熟悉可编程控制器实验装置及 FX 系列 PLC 的外部接线方法。

（2）了解 GX Works2 编程环境的使用方法。

（3）掌握与、或、非逻辑运算的编程方法。

【实验器材】

（1）可编程控制器实验装置。

（2）USB-SC-09 编程电缆。

（3）实验导线。

（4）安装 GX Works2 软件的计算机。

【实验任务和要求】

（1）与功能：当 K0、K1 按钮都置为 1 时，L0 灯亮，否则灯灭。

（2）或功能：当 K0、K1 按钮任意一个或两个都置为 1 时，L1 灯亮，否则灯灭。

（3）非功能：当 K0 按钮置为 1 时，L2 灯亮；置为 0 时，L2 灯灭。

（4）异或功能：当 K0、K1 按钮置数不同时，L3 灯亮，否则灯灭。

（5）同或功能：当 K0、K1 按钮置数相同时，L4 灯亮，否则灯灭。

【实验模块图】

实验模块图如图 7-1 所示。

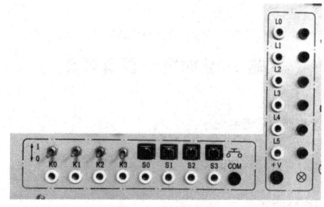

图 7-1　实验模块图

在图 7-1 中，接线孔通过连接线与 PLC 主机的输入/输出插孔相接，X 为输入点，Y 为输出点。

图 7-1 中左下角为输入按键和开关，用于模拟开关量的输入；右侧为 LED 指示灯，接 PLC 主机的输出端，用于模拟输出负载的通与断。

【设计方案】

1. I/O 地址

I/O 端子参考配置表见表 7-1。

表 7-1　I/O 端子参考配置表

序号	端子名称	PLC 输入点	序号	端子名称	PLC 输出点
1	K0	X0	1	L0	Y0
2	K1	X1	2	L1	Y1
3			3	L2	Y2
4			4	L3	Y3
5			5	L4	Y4

2. 方案提示

注意：各个模块串联时需要使用横线连接，并联时需要使用竖线连接；在梯形图连接完毕后，按 F4 键将梯形图进行变换。

3. PLC 梯形图

逻辑运算的 PLC 梯形图如图 7-2 所示。

图 7-2　逻辑运算的 PLC 梯形图

实验 2　定时器/计数器实验

【实验目的】

（1）掌握定时器/计数器的正确编程方法。

（2）学会定时器/计数器的扩展方法。

（3）用编程软件对 PLC 运行程序监控。

【实验器材】

（1）可编程控制器实验装置。

（2）USB-SC-09 编程电缆。

（3）实验导线。

（4）安装 GX Works2 软件的计算机。

【实验任务和要求】

设置开关 K0 用于启动实验装置，K0 打开时，应实现下述 3 个功能；当 K0 未打开时，PLC 应停止输出。

（1）计数功能：使用计数器模块，按下按钮 S0 输入脉冲，当按下按钮次数达到设定次数后，灯 L0 亮进行提示；按下重置按钮 S1 后，将计数次数清零，并重置灯 L0 的状态。

（2）计时功能：使用定时器模块，使灯 L1 在 3s 后亮；按下重置按钮 S2 后，将灯 L1 的状态重置并重新开始计时。

（3）闪烁功能：使用定时器模块，使灯 L2 按照 1s 亮、1s 暗的顺序循环输出。

【实验模块图】

实验模块图同图 7-1。

【设计方案】

1. I/O 地址

I/O 端子参考配置表见表 7-2。

表 7-2　I/O 端子参考配置表

序号	端子名称	PLC 输入点	序号	端子名称	PLC 输出点
1	K0	X0	1	L0	Y0
2	S0	X1	2	L1	Y1
3	S1	X2	3	L2	Y2
4	S2	X3	4		
实验模块中，V+接 24V；COM 接 GND；PLC 模块输入侧的 S/S 接 24V；COM0、COM1、COM2 接 GND。					

2. 方案提示

在闪烁功能中，可以考虑使用两个定时器模块。

3. PLC 梯形图

定时器/计数器实验的 PLC 梯形图如图 7-3 所示。

图 7-3　定时器/计时器实验的 PLC 梯形图

实验 3　八段数码管显示

【实验目的】

了解并掌握 LED 数码显示的控制方法。

【实验器材】

（1）可编程控制器实验装置。

（2）USB-SC-09 编程电缆。

（3）实验导线。

（4）安装 GX Works2 软件的计算机。

【实验任务和要求】

（1）拨通 K1 启动开关，LED 数码管依次循环显示 0、1、2、3、4、5、6、7、8、9。

（2）断开 K1 启动开关，停止显示。

【实验模块图】

八段数码管显示实验模块图如图 7-4 所示，其中开关模块参考实验 1 中【实验任务和要求】的第（4）项。

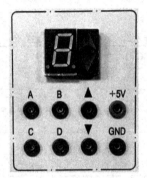

图 7-4　八段数码管显示实验模块图

【设计方案】

1．I/O 地址

I/O 端子参考配置表见表 7-3。

表 7-3　I/O 端子参考配置表

序号	端子名称	PLC 输入点	序号	端子名称	PLC 输出点
1	K1	X0	1	A	Y0
2			2	B	Y1
3			3	C	Y2
4			4	D	Y3
+5V 接电源模块的+5V；GND、按钮模块的 COM 接电源模块的 GND；PLC 模块输入侧的 S/S 接 24V；COM0、COM1、COM2 接 GND。					

2．方案提示

A、B、C、D 端内部存在译码器，只需要按照 8421 码的方式进行输入即可，可以尝试对每一位的变化规律进行总结，方便搭建梯形图。

3. PLC 梯形图

八段数码管显示的 PLC 梯形图如图 7-5 所示。

```
 X000   T1                                                              K10
 ─┤├───┤/├──────────────────────────────────────────────────────────(T1  )

 Y003   T1    Y002   Y001   Y000   X000
 ─┤├───┤├──┬─┤├────┤├────┤├────┤├─────────────────────────────────(Y003 )
          │
 Y003   T1 │
 ─┤├───┤/├─┤
          │
 Y000  Y003│
 ─┤/├──┤├──┘
   │
 Y001
 ─┤/├──┐
   │
 Y002 │
 ─┤/├─┘

 Y002   Y000   Y001   T1    X000
 ─┤├───┤├────┤├──┬─┤├────┤├────────────────────────────────────────(Y002 )
                │
 Y002   Y001   Y000   T1
 ─┤├───┤├────┤├──┤/├─┤
                      │
 Y000  Y002          │
 ─┤/├──┤├────────────┘
   │
 Y001
 ─┤/├

 Y001   Y000   T1    X000
 ─┤├───┤├──┬─┤├────┤├──────────────────────────────────────────────(Y001 )
          │
 Y001  Y000   T1
 ─┤├───┤├──┤├─┤
          │
 Y001  Y000│
 ─┤/├──┤├──┘

 Y000   T1    X000
 ─┤/├──┤├──┬─┤├────────────────────────────────────────────────────(Y000 )
          │
 Y000   T1 │
 ─┤├───┤├──┘

 ──────────────────────────────────────────────────────────────────[END  ]
```

图 7-5　八段数码管显示的 PLC 梯形图

实验 4　天　塔　之　光

【实验目的】

熟练并掌握用 PLC 构建灯光控制系统。

【实验器材】

（1）可编程控制器实验装置。

（2）USB-SC-09 编程电缆。

（3）实验导线。

（4）安装 GX Works2 软件的计算机。

【实验任务和要求】

（1）拨通 SD 启动开关，启动运行。

（2）启动后，系统会按以下规律显示：L1→L1、L2→L1、L3→L1、L4→L1、L2→L1、L2、

天塔之光

L3、L4→L1、L8→L1、L7→L1、L6→L1、L5→L1、L8→L1、L5、L6、L7、L8→L1→L1、L2、L3、L4→L1、L2、L3、L4、L5、L6、L7、L8→L1……如此循环，周而复始。

（3）断开 SD 启动开关，停止显示。

【实验模块图】

天塔之光实验模块图如图 7-6 所示。

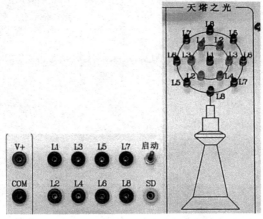

图 7-6　天塔之光实验模块图

【设计方案】

1. I/O 地址

I/O 端子参考配置表见表 7-4。

表 7-4　I/O 端子参考配置表

序号	端子名称	PLC 输入点	序号	端子名称	PLC 输出点
1	SD	X0	1	L1	Y0
2			2	L2	Y1
3			3	L3	Y2
4			4	L4	Y3
5			5	L5	Y4
6			6	L6	Y5
7			7	L7	Y6
8			8	L8	Y7
V+接 24V；COM 接 GND；PLC 模块输入侧的 S/S 接 24V；COM0、COM1、COM2、COM3 接 GND。					

2. 方案提示

可以利用定时器指令进行控制。

3. PLC 梯形图

天塔之光的 PLC 梯形图如图 7-7 所示。

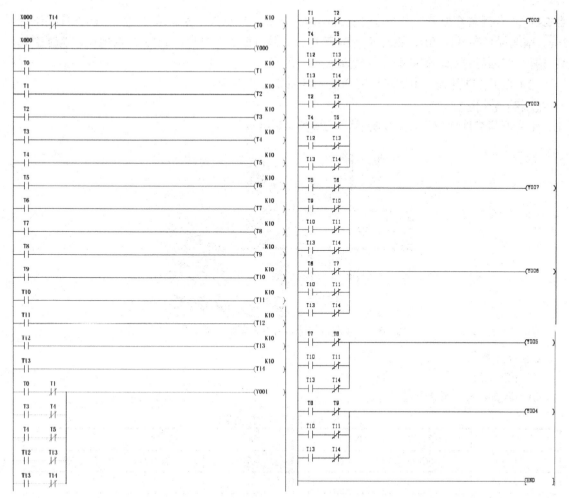

图 7-7 天塔之光的 PLC 梯形图

实验 5 十字路口交通信号灯控制

【实验目的】

（1）了解十字路口交通信号灯系统的构成。

（2）熟练运用 PLC 指令，根据要求编写十字路口交通信号灯控制程序。

【实验器材】

（1）可编程控制器实验装置。

（2）USB-SC-09 编程电缆。

（3）实验导线。

（4）安装 GX Works2 软件的计算机。

【实验任务和要求】

（1）拨通 SD 启动开关，启动运行十字路口交通信号灯系统。

（2）十字路口交通信号灯系统开始工作，且先南北红灯亮，东西绿灯亮。当启动开关断开时，所有交通信号灯都熄灭；南北红灯亮维持 25s，在南北红灯亮的同时，东西绿灯也亮，并维持 20s；到 20s 时，东西绿灯闪烁，3s 后熄灭。在东西绿灯熄灭时，东西黄灯亮，并维持 2s。

到 2s 时，东西黄灯熄灭，东西红灯亮，同时，南北红灯熄灭，南北绿灯亮，东西红灯亮维持30s。南北绿灯亮维持 20s，然后闪亮 3s 后熄灭。同时南北黄灯亮，维持 2s 后熄灭，这时南北红灯亮，东西绿灯亮。如此循环，周而复始。

（3）断开 SD 开关，十字路口交通信号灯系统停止运行。

【实验模块图】

十字路口交通信号灯控制实验模块图如图 7-8 所示。

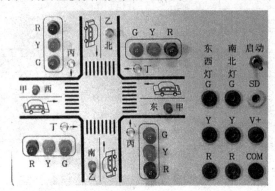

图 7-8   十字路口交通信号灯控制实验模块图

【设计方案】

1．I/O 地址

I/O 端子参考配置表见表 7-5。

表 7-5   I/O 端子参考配置表

序号	端子名称	PLC 输入点	序号	端子名称	PLC 输出点
1	SD	X0	1	南北灯 G	Y0
2			2	南北灯 Y	Y1
3			3	南北灯 R	Y2
4			4	东西灯 G	Y3
5			5	东西灯 Y	Y4
6			6	东西灯 R	Y5
V+接 24V；COM 接 GND；PLC 模块输入侧的 S/S 接 24V；COM0、COM1、COM2、COM3 接 GND。					

2．方案提示

（1）可以考虑将定时器的输出信号作为另一个定时器开始定时的开关。

（2）可以考虑将红灯和黄、绿灯分开考虑，即一条路为黄灯及绿灯时另一条路一定为红灯。

（3）可以考虑使用辅助继电器对梯形图重复部分进行简化。

3．PLC 梯形图

具体的十字路口交通信号灯系统 PLC 梯形图请读者自行编写。

实验 6   水塔水位自动控制

【实验目的】

了解并掌握用 PLC 构建水塔水位自动控制系统。

【实验器材】

（1）可编程控制器实验装置。

（2）USB-SC-09 编程电缆。

（3）实验导线。

（4）安装 GX Works2 软件的计算机。

【实验任务和要求】

（1）S1 表示水塔的水位上限，S2 表示水塔的水位下限，S3 表示水池的水位上限，S4 表示水池的水位下限。M1 为抽水电机，Y 为水阀。

（2）当水池水位低于水池水位下限时（S4 为 ON 表示），水阀 Y 打开进水（Y 为 ON），定时器开始定时，4s 后，如果 S4 还不为 OFF，那么水阀 Y 指示灯闪烁，表示水阀 Y 没有进水，出现故障，S3 为 ON 后，水阀 Y 关闭（Y 为 OFF）。当 S4 为 OFF 时，且水塔水位低于水塔下限时，S2 为 ON，电机 M 运转抽水。当水塔水位高于水塔水位上限时，电机 M 停止。

【实验模块图】

水塔水位自动控制实验模块图如图 7-9 所示。

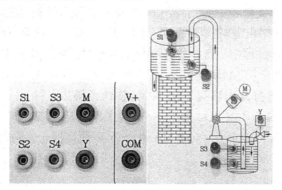

图 7-9　水塔水位自动控制实验模块图

【设计方案】

1．I/O 地址

I/O 端子参考配置表见表 7-6。

表 7-6　I/O 端子参考配置表

序号	端子名称	PLC 输入点	序号	端子名称	PLC 输出点
1	S1	X0	1	M	Y0
2	S2	X1	2	Y	Y1
3	S3	X2	3		
4	S4	X3	4		
V+接 24V；COM 接 GND；PLC 模块输入侧的 S/S 接 24V；COM0、COM1 接 GND。					

2．方案提示

可以利用定时器指令控制。

3．PLC 梯形图

具体的水塔水位自动控制系统 PLC 梯形图请读者自行编写。

实验 7　自动配料装车控制

【实验目的】

（1）熟练使用基本指令。

（2）通过对工程实例的模拟，熟练掌握自动配料装车控制系统的编程方法。

【实验器材】

（1）可编程控制器实验装置。

（2）USB-SC-09 编程电缆。

（3）实验导线。

（4）安装 GX Works2 软件的计算机。

实验 7 至实验 9

【实验任务和要求】

（1）系统启动后，配料装置能自动识别货车到位情况并能够自动对货车进行配料，当货车装满时，自动配料装车控制系统能自动关闭。

（2）初始状态：红灯 L2 灭，绿灯 L1 亮，表明允许货车开进装料。料斗出料口 D2 关闭，若料位传感器 S1 置为 OFF（料斗中的物料不满），进料阀开启进料（D4 亮）。当 S1 置为 ON（料斗中的物料已满）时，停止进料（D4 灭）。电机 M1、M2、M3 和 M4 均为 OFF。

（3）装车控制：在装车过程中，当货车开进装车位置时，限位开关 SQ1 置为 ON，红灯 L2 亮，绿灯 L1 灭；同时启动电机 M4，经过 2s 后，启动 M3，再经 2s 后启动 M2，经过 2s 最后启动 M1，然后经过 2s 后才打开出料阀（D2 亮），物料经料斗出料。

（4）当货车装满时，限位开关 SQ2 为 ON，料斗关闭，2s 后 M1 停止，M2 在 M1 停止 2s 后停止，M3 在 M2 停止 2s 后停止，M4 在 M3 停止 2s 后最后停止。同时红灯 L2 灭，绿灯 L1 亮，表明货车可以开走。

【实验模块图】

自动配料装车控制实验模块图如图 7-10 所示。

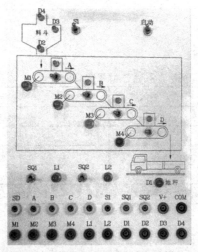

图 7-10　自动配料装车控制实验模块图

【设计方案】

1. I/O 地址

I/O 端子参考配置表见表 7-7。

表 7-7 I/O 端子参考配置表

序号	端子名称	PLC 输入点	序号	端子名称	PLC 输出点
1	（启动）SD	X0	1	M1	Y0
2	SQ1	X1	2	M2	Y1
3	SQ2	X2	3	M3	Y2
4	S1	X3	4	M4	Y3
5			5	L1	Y4
6			6	L2	Y5
7			7	D1	Y6
8			8	D2	Y7
9			9	D3	Y10
10			10	D4	Y11
V+接 24V；COM 接 GND；PLC 模块输入侧的 S/S 接 24V；COM0、COM1、COM2、COM3、COM4 接 GND。					

2．方案提示

可以利用定时器指令控制。

3．PLC 梯形图

具体的自动配料装车控制系统 PLC 梯形图请读者自行编写。

实验 8 四节传送带控制

【实验目的】

（1）熟练使用基本指令。

（2）通过对工程实例的模拟，熟练掌握四节传送带控制系统的编程方法。

【实验器材】

（1）可编程控制器实验装置。

（2）USB-SC-09 编程电缆。

（3）实验导线。

（4）安装 GX Works2 软件的计算机。

【实验任务和要求】

（1）总体控制要求：系统由传动电机 M1、M2、M3、M4 和故障设置开关 A、B、C、D 组成，完成物料的运送、故障停止等功能。

（2）闭合"启动"开关，首先启动最末一节传送带（电机 M4），每经过 1s 延时，依次启动一节传送带（电机 M3、M2、M1）。

（3）当某节传送带发生故障时，该传送带及其前面的传送带立即停止，而该传送带以后的传送带待运完货物后方可停止。例如 M2 存在故障，则 M1、M2 立即停止，经过 1s 延时后，M3 停止，再过 1s，M4 停止。

（4）排除故障，打开"启动"开关，系统重新启动。

（5）关闭"启动"开关，先停止最前一节传送带（电机 M1），待料运送完毕后再依次停止 M2、M3 及 M4。

【实验模块图】

四节传送带控制实验模块图如图 7-11 所示。

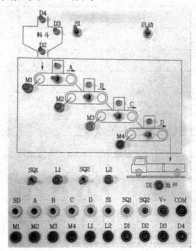

图 7-11 四节传送带控制实验模块图

【设计方案】

1. I/O 地址

I/O 端子参考配置表见表 7-8。

表 7-8 I/O 端子参考配置表

序号	端子名称	PLC 输入点	序号	端子名称	PLC 输出点
1	（启动）SD	X0	1	M1	Y0
2	A	X1	2	M2	Y1
3	B	X2	3	M3	Y2
4	C	X3	4	M4	Y3
5	D	X4			
V+接 24V；COM 接 GND；PLC 模块输入侧的 S/S 接 24V；COM0、COM1、COM2、COM3、COM4 接 GND。					

2. 方案提示

可以利用定时器指令控制。

3. PLC 梯形图

具体的四节传送带控制系统 PLC 梯形图请读者自行编写。

实验 9　装配流水线控制

【实验目的】

了解并掌握用 PLC 构建装配流水线控制系统。

【实验器材】

（1）可编程控制器实验装置。

（2）USB-SC-09 编程电缆。

（3）实验导线。

（4）安装 GX Works2 软件的计算机。

【实验任务和要求】

（1）实验中用二极管做工位指示。

（2）工件从输送工位 D 开始向右运行，在这个过程中，工件分别在 A（操作 1）、B（操作 2）、C（操作 3）3 个工位完成 3 种装配操作，经最后一个工位后送入仓库。

（3）接通"启动"开关，系统开始工作，工作流程（D→A→E→B→F→C→G→H）结束后，自动功能停止。需要再次启动系统运行，只要接通"启动"开关即可。

（4）按下"复位"键，系统复位至起始工作状态。

（5）按下"移位"键，系统进入单步移位工作状态，每按一次，工件前进一个工位。

【实验模块图】

装配流水线控制实验模块图如图 7-12 所示。

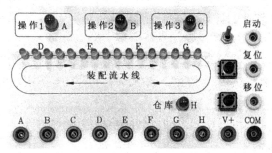

图 7-12　装配流水线控制实验模块图

【设计方案】

1. I/O 地址

I/O 端子参考配置表见表 7-9。

表 7-9　I/O 端子参考配置表

序号	端子名称	PLC 输入点	序号	端子名称	PLC 输出点
1	启动	X0	1	A	Y0
2	移位	X1	2	B	Y1
3	复位	X2	3	C	Y2
4			4	D	Y3
5			5	E	Y4
6			6	F	Y5
7			7	G	Y6
8			8	H	Y7
V+接 24V；COM 接 GND；PLC 模块输入侧的 S/S 接 24V；COM0、COM1、COM2、COM3 接 GND。					

2. 方案提示

可以使用定时器指令和计数器指令控制。

3. PLC 梯形图

具体的装配流水线控制系统 PLC 梯形图请读者自行编写。

实验 10　PLC 控制变频器-电机系统

（一）外部端子点动控制

【实验目的】

（1）了解变频器外部端子的功能。

（2）掌握外部运行模式下变频器的操作方法。

【实验器材】

（1）可编程控制器实验装置。

（2）变频器挂箱。

（3）实验导线。

（4）安装 GX Works2 软件的计算机。

【实验任务和要求】

（1）正确设置变频器输出的额定频率、额定电压、额定电流、额定功率、额定转速。

（2）通过操作面板控制电机启动/停止、正/反转。按下 S1 按钮，电机正转启动；松开 S1 按钮，电机停止。

（3）运用操作面板改变电机启动的点动运行频率和加/减速时间。

【实验模块与参考功能表】

1. 变频器外部接线图

变频器外部接线图如图 7-13 所示。

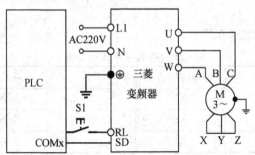

图 7-13　变频器外部接线图

2. 参数功能表

变频器参数功能表见表 7-10。

表 7-10　变频器参数功能表

序号	变频器参数	出厂值	设定值	功能说明
1	P1	50	50	上限频率（50Hz）
2	P2	0	0	下限频率（0Hz）
3	P9	0	0.35	过电流保护（0.35A）
4	P160	9999	0	扩展功能显示选择
5	P79	0	4	操作模式选择
6	P15	5	20.00	点动频率（20Hz）
7	P16	0.5	0.5	点动加/减速时间（0.5s）
8	P180	0	5	设定 RL 为点动运行选择信号

注：设置参数前，先将变频器参数复位为厂家的默认设定值，具体设置方法可参考 3.2.3 节。

【设计方案】

1. I/O 地址

I/O 端子参考配置表见表 7-11。

表 7-11　I/O 端子参考配置表

序号	端子名称	PLC 输入点	序号	变频器端口	PLC 输出点
1	S1	X0	1	SD	COM0
2			2	RL	Y0
PLC 模块输入侧的 S/S 接 24V；COM1～COM5 接 GND。					

2. 变频器与电机的连接

变频器与电机的连接示意图如图 7-14 所示，将电机的 U、V、W 端分别连接变频器的 U、V、W 端，将电机的另 3 个端子短接，形成 Y 形连接。接下来的变频器实验中，电机与变频器接线均采用此种方式，后面将不再重复。

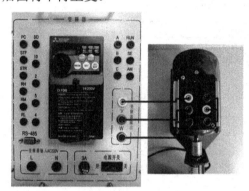

图 7-14　变频器与电机的连接示意图

3. 变频器与 PLC 输出端的连接

变频器与 PLC 输出端的接线图如图 7-15 所示。

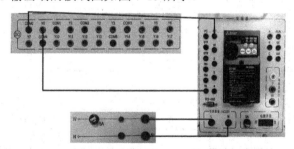

图 7-15　变频器与 PLC 输出端的接线图

4. PLC 梯形图

完整的外部端子点动控制 PLC 梯形图请读者自行编写。

（二）变频器控制电机正/反转

【实验目的】

（1）了解变频器外部端子的功能。

（2）掌握外部运行模式下变频器的操作方法。

【实验器材】

（1）可编程控制器实验装置。

（2）变频器挂箱。

（3）实验导线。

（4）安装 GX Works2 软件的计算机。

【实验任务和要求】

（1）正确设置变频器输出的额定频率、额定电压、额定电流、额定功率、额定转速。

（2）通过操作面板控制电机启动/停止、正/反转。按下 S1 按钮，电机正转启动；按下 S2 按钮，电机反转。

（3）运用操作面板改变电机启动的点动运行频率和加/减速时间。

【实验模块与参考功能表】

1. 变频器外部接线图

变频器外部接线图如图 7-16 所示。

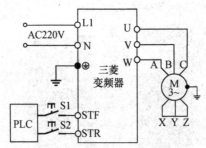

图 7-16　变频器外部接线图

2. 参数功能表

变频器参数功能表见表 7-12。

表 7-12　变频器参数功能表

序号	变频器参数	出厂值	设定值	功能说明
1	P1	50	50	上限频率（50Hz）
2	P2	0	0	下限频率（0Hz）
3	P7	5	10	加速时间（10s）
4	P8	5	10	减速时间（10s）
5	P9	0	0.35	过电流保护（0.35A）
6	P160	9999	0	扩展功能显示选择
7	P79	0	3	操作模式选择
8	P178	60	60	STF 正转指令
9	P179	61	61	STR 反转指令

注：设置参数前，先将变频器参数复位为厂家的默认设定值，具体设置方法可参考 3.2.3 节。

【设计方案】

1. I/O 地址

I/O 端子参考配置表见表 7-13。

表 7-13   I/O 端子参考配置表

序号	端子名称	PLC 输入点	序号	变频器端口	PLC 输出点
1	S1	X0	1	STF	Y2
2	S2	X1	2	STR	Y3
3			3	SD	COM2
4			4		
变频器的 SD 接 RL；PLC 模块输入侧的 S/S 接+24V；COM2 接 GND。					

2. 接线图

变频器与 PLC 接线图如图 7-17 所示。

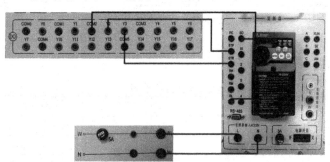

图 7-17   变频器与 PLC 接线图

3. 方案提示

（1）建议编程时，将 X0 接正转按钮 S1，X1 接反转按钮 S2。

（2）注意实现自保功能。

4. PLC 梯形图

完整的变频器控制电机正/反转 PLC 梯形图请读者自行编写。

（三）变频器多段速调速

【实验目的】

（1）了解变频器外部端子的功能。

（2）掌握外部运行模式下变频器的操作方法。

【实验器材】

（1）可编程控制器实验装置。

（2）变频器挂箱。

（3）实验导线。

（4）安装 GX Works2 软件的计算机。

【实验任务和要求】

（1）正确设置变频器输出的额定频率、额定电压、额定电流、额定功率、额定转速。

（2）通过外部端子控制电机多段速运行，开关 K1、K2、K3 按不同的方式组合，可选择 7 种不同的输出频率。

（3）运用操作面板设定电机的运行频率和加/减速时间。

【实验模块与参考功能表】

1. 变频器外部接线图

变频器外部接线图如图 7-18 所示。

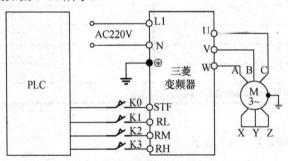

图 7-18 变频器外部接线图

2. 参数功能表

变频器参数功能表见表 7-14。

表 7-14 变频器参数功能表

序号	变频器参数	出厂值	设定值	功能说明
1	P1	50	50	上限频率（50Hz）
2	P2	0	0	下限频率（0Hz）
3	P7	5	5	加速时间（5s）
4	P8	5	5	减速时间（5s）
5	P9	0	0.35	过电流保护（0.35A）
6	P160	9999	0	扩展功能显示选择
7	P79	0	3	操作模式选择
8	P180	0	0	多段速运行指令
9	P181	1	1	多段速运行指令
10	P182	2	2	多段速运行指令
11	P4	50	12	固定频率 1
12	P5	30	18	固定频率 2
13	P6	10	24	固定频率 3
14	P24	9999	30	固定频率 4
15	P25	9999	36	固定频率 5
16	P26	9999	42	固定频率 6
17	P27	9999	50	固定频率 7

注：设置参数前，先将变频器参数复位为厂家的默认设定值，具体设置方法可参考 3.2.3 节。

【设计方案】

1. I/O 地址

I/O 端子参考配置表见表 7-15。

2. 接线图

变频器与 PLC 接线图如图 7-19 所示。

表 7-15　I/O 端子参考配置表

序号	端子名称	PLC 输入点	序号	变频器端子	PLC 输出点
1	K0	X0	1	STF	Y4
2	K1	X1	2	RL	Y5
3	K2	X2	3	RM	Y6
4	K3	X3	4	RH	Y7
变频器的 SD 接 COM3；PLC 模块输入侧的 S/S 接+24V；COM3 接 GND。					

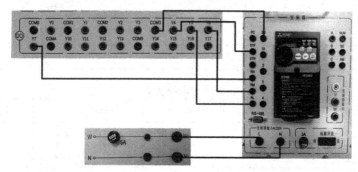

图 7-19　变频器与 PLC 接线图

3. PLC 梯形图

完整的变频器多段速调速 PLC 梯形图请读者自行编写。

实验 11　材料分拣控制

【实验目的】

（1）熟练使用基本指令。

（2）通过对工程实例的模拟，熟练掌握 PLC 指令的使用。

【实验器材】

（1）可编程控制器实验装置。

（2）USB-SC-09 编程电缆。

（3）实验导线。

（4）安装 GX Works2 软件的计算机。

材料分拣控制

【实验任务和要求】

将工件放在传送带上，通过传感器的检测区分出两种不同的物料元件，由推料气缸将不同的物料元件推入料槽中。

【实验模块与参考示意图】

材料分拣装置实物图见图 3-23。

【设计方案】

1. 变频器参数功能表

变频器参数功能表见表 7-16。

2. I/O 地址

I/O 端子参考配置表见表 7-17。

表 7-16　变频器参数功能表

序号	变频器参数	出厂值	设定值	功能说明
1	P1	50	50	上限频率（50Hz）
2	P2	0	0	下限频率（0Hz）
3	P9	0	0.35	过电流保护（0.35A）
4	P79	0	3	操作模式选择
5	P7	5	2	加速时间
6	P8	5	1	减速时间
旋转变频器上的 M 按钮，将频率设置为 50Hz，具体设置方法可参考 3.2.3 节。				

表 7-17　I/O 端子参考配置表

序号	端子名称	PLC 输入点	序号	端子名称	PLC 输出点
1	光电传感器	X000	1	变频器 STF 接口	Y000
2	电感传感器	X001	2	推料阀 1（接口 19）	Y001
3	电容传感器	X002	3	推料阀 2（接口 21）	Y002
4	推料阀 1 伸出检测（接口 10）	X003	4	红灯	Y010
5	推料阀 2 伸出检测（接口 11）	X004	5	绿灯	Y011
6	启动按钮	X007			
7	停止按钮	X010			
8	复位按钮	X011			
V+接 24V；COM 接 GND；PLC 模块输入侧的 S/S 接 24V，输出侧 COM0、COM1、COM2、COM3 接 GND。 端子 1、4、7、18、20 接 24V；端子 2、5、8、11、13、15、17 接 GND；端子 22、23、24 接变频器的 U、V、W；变频器 SD 接 PLC 输出侧的 COM0。					

3．方案提示

（1）系统运行可参考如图 7-20 所示的流程。

（2）当电感传感器检测到物体时，推料阀 1 动作，推出物料元件，当推料阀完全推出后，通过推料阀伸出到位检测，使推料阀开始缩回。这部分梯形图可参考图 7-21。

当电感传感器检测到物料元件时，X001 闭合，线圈 Y001 通电并自保，当物料元件稍微离开传送带也能继续通电，使得推料阀完全推出。在推料阀完全推出后，通过伸出到位检测，X003 常闭触点断开，线圈 Y001 失电，推料阀开始缩回。此时物料元件被推出，且推料阀缩回到位，重新回到准备状态。

4．PLC 梯形图

完整的材料分拣控制系统 PLC 梯形图请读者自行编写。

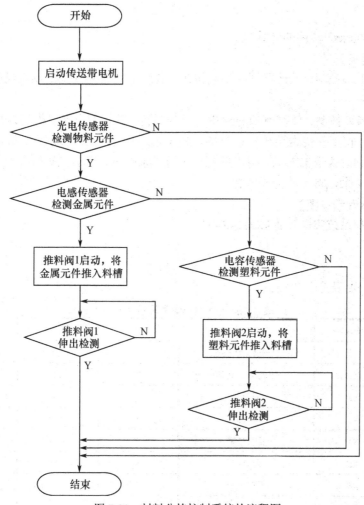

图 7-20 材料分拣控制系统的流程图

图 7-21 推料阀控制 PLC 的梯形图

实验 12 机械臂综合控制系统

【实验目的】

了解并掌握用机械臂综合控制系统。

【实验器材】

（1）可编程控制器实验装置。

（2）机械臂综合控制系统。

机械臂综合控制系统

（3）实验导线。

（4）安装 GX Works2 软件的计算机。

【实验任务和要求】

（1）机械臂的手动控制：设计不同的功能按钮，实现手动操控机械臂以完成位移、伸缩和抓取功能。

（2）机械臂的自动控制：依次判断料仓中工件的材料，并进行分类。推料装置将料仓中的工件推至传送带上，将工件传送至传送带末端，传送过程中经过质检传感器，根据传送末端传感器判断工件是否到达传送带末端，当工件到达传送带末端时，启动机械臂抓取工件，并根据质检传感器的检测结果，将工件分类放置。

【实验模块与参考示意图】

机械臂综合控制系统实验装置如图 3-24 所示。

【设计方案】

1．I/O 地址

I/O 端子参考配置表见表 7-18。

表 7-18　I/O 端子参考配置表

序号	输入	功能	序号	输出	功能
1	X0	机械臂初始位置	1	Y0	输出 PWM 脉冲
2	X1	手动/自动切换	2	Y1	机械臂移动
3	X2	正转	3	Y2	启动指示
4	X3	反转	4	Y3	报警指示
5	X4	推料控制	5	Y10	停止指示
6	X5	传送控制	6	Y11	复位指示
7	X6	升降控制	7	Y12	推料阀
8	X7	气爪控制	8	Y13	升降阀
9	X10	启动	9	Y14	气爪阀
10	X11	停机	10	Y15	传送带
11	X12	复位			
12	X13	急停			
13	X14	推料阀收回			
14	X15	推料阀推送			
15	X16	升降阀上升			
16	X17	升降阀下降			
17	X20	气爪夹紧检测			
18	X21	料仓工作检测			
19	X22	传送末端检测			
20	X23	工作属性检测			
21	X24	左限位			

2．方案提示

（1）机械臂驱动的补充说明

舵机的驱动需要使用 PWM 脉冲，在软件中可以使用如图 7-22 所示的 PLSY 脉冲输出指令实现 PWM 脉冲的输出，其中 K3200 代表脉冲输出频率，用于改变舵机转速的快慢；K26500代表输出的脉冲数，用于决定舵机转动的角度；Y000 代表输出线圈。

图 7-22　舵机驱动 PWM 脉冲的 PLC 梯形图

（2）机械臂自动控制流程

机械臂自动控制流程图如图 7-23 所示，启动并选择自动挡，判断料仓是否有工件需要推出，如果有工件需要推出，则将其推出，待完成推送动作后，启动传送带开始传送，同时收回推料阀。当工件到达传送带末端时，传送带停止。当传送带末端的工件被机械臂取走时，开始进入下一个循环，推料阀判断是否需要重新推料。其中，机械臂抓取工件流程图可参照图 7-24。

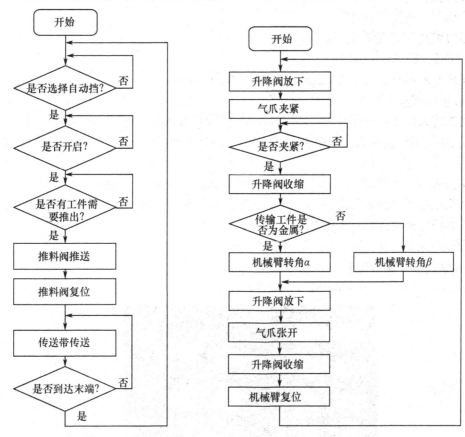

图 7-23　机械臂自动控制流程图　　　　图 7-24　机械臂抓取工件流程图

3．PLC 梯形图

完整的机械臂综合控制系统 PLC 梯形图请读者自行编写。

7.2 半虚半实篇

半虚半实形式的 PLC 控制系统中，PLC 是线下实体，而 PLC 的被控对象、执行机构等输入和输出设备都是虚拟的，这些虚拟设备可以在触摸屏上用 GT Designer3 软件虚拟仿真，也可以在 PC 机上用 MCGS 虚拟仿真。

实验 13 四人抢答器

【实验目的】

（1）了解四人抢答器的工作逻辑。

（2）熟练掌握触摸屏的使用。

（3）熟练运用 PLC 指令，根据要求编写四人抢答器程序。

（4）熟练掌握组态软件 MCGS。

【实验器材】

（1）可编程控制器实验装置。

（2）触摸屏与 PLC 通信电缆。

（3）USB-SC-09 编程电缆。

（4）安装 GX Works2、GT Designer3 和 MCGS 的计算机。

【实验任务和要求】

（1）当主持人按下"开始"按钮，同时亮起"开始"提示灯，选手方可开始抢答。

（2）四人中任意一人率先按下按钮，其对应的提示灯亮起，且其他三人再按下按钮无效（提示灯不亮）。

（3）主持人按下"复位"按钮，"超时"提示灯灭，进入下一轮抢答。

（4）如果在按下"开始"按钮后的 4s 内没有人按下按钮，则"超时"指示灯亮，需要按下"复位"按钮才能进入下一轮抢答。

（5）设计四人抢答器界面，完成抢答功能代码。

【实验模块与参考示意图】

如图 7-25 所示为四人抢答器的参考操作界面。

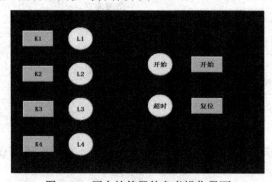

图 7-25 四人抢答器的参考操作界面

【设计方案】

1. I/O 地址

I/O 端子参考配置表见表 7-19。

表 7-19　I/O 端子参考配置表

序号	端子名称	PLC 输入点	序号	端子名称	PLC 输出点
1	K1	M0	1	L1	Y0
2	K2	M1	2	L2	Y1
3	K3	M2	3	L3	Y2
4	K4	M3	4	L4	Y3
5	开始按钮	M4	5	超时提示灯	Y4
6	复位按钮	M5	6	开始提示灯	Y5

2．四人抢答器参考操作界面

在四人抢答器的参考操作界面（见图 7-25）中，K1、K2、K3 和 K4 为四位选手的抢答按钮，L1、L2、L3 和 L4 为对应的抢答成功的提示灯；"开始"和"复位"按钮由主持人控制，其对应的提示灯与选手按钮及提示灯分开放置。

读者也可以自行设计更加合理美观的操作界面，具体的 GT Designer3 软件使用及触摸屏与 PLC 的通信可参考 4.2.2 节和 4.2.3 节，或参考 4.3.1 节。

3．PLC 梯形图

请读者自行编写 PLC 梯形图。

实验 14　全自动多模式豆浆机

【实验目的】

（1）熟练掌握触摸屏的使用。

（2）熟练运用 PLC 指令。

（3）熟练使用组态软件 MCGS。

【实验器材】

（1）可编程控制器实验装置。

（2）触摸屏与 PLC 通信电缆。

（3）USB-SC-09 编程电缆。

（4）安装 GX Works2、GT Designer3 和 MCGS 的计算机。

【实验任务和要求】

（1）坚果类：加热，正转打浆 5s，反转打浆 5s，过程一共持续 2 次，再加热熬制 20s。

（2）豆类：加热，正转打浆 8s，反转打浆 8s，过程一共持续 2 次，再加热熬制 20s。

（3）谷物：加热，正转打浆 10s，反转打浆 10s，过程一共持续 2 次，再加热熬制 20s。

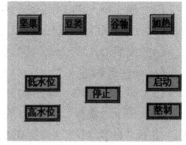

图 7-26　全自动多模式豆浆机
的参考操作界面

【实验模块与参考示意图】

如图 7-26 所示为全自动多模式豆浆机的参考操作界面。

【设计方案】

1．I/O 地址

I/O 端子参考配置表见表 7-20。

表 7-20　I/O 端子参考配置表

序号	端子名称	PLC 输入点	序号	端子名称	PLC 输出点
1	启动	M0	1	电机正转	Y0
2	加热	M1	2	电机反转	Y1
3	坚果	M2	3	低水位灯	Y2
4	豆类	M3	4	高水位灯	Y3
5	谷物	M4	5	熬制	Y4
6	低水位	M11			
7	高水位	M12			
8	熬制	M13			
9	停止	M14			

2. 全自动多模式豆浆机的参考操作界面

在全自动多模式豆浆机的参考操作界面（见图 7-26）中，绿色按键为主要的功能键，坚果、豆类、谷物和加热键，黄色按键为基本操作键，分别为启动键、停止键、熬制键及高、低水位选择键。

读者也可以自行设计更加合理美观的操作界面，具体的 GT Designer3 软件使用及触摸屏与 PLC 的通信可参考 4.2.2 节和 4.2.3 节、电机和变频器的使用可参考 3.3.3 节和 3.3.4 节，或参考 4.3.1 节。

3. PLC 梯形图

请读者自行编写 PLC 梯形图。

实验 15　全自动洗碗机

【实验目的】

（1）熟练运用 PLC 指令。

（2）熟练掌握触摸屏的使用。

（3）熟练使用组态软件 MCGS。

【实验器材】

（1）可编程控制器实验装置。

（2）触摸屏与 PLC 通信电缆。

（3）USB-SC-09 编程电缆。

（4）安装 GX Works2、GT Designer3 和 MCGS 的计算机。

【实验任务和要求】

（1）按下"开始"键启动洗碗机。

（2）按下"洗涤"键，选择进水多或进水少开始进水。按下"水少"键，L0 灯亮 3s 后熄灭；按下"水多"键，L1 灯亮 5s 后熄灭。

（3）指示灯熄灭后，开始选择洗涤强度：轻柔、标准、强力，3 种强度通过变频器分别以 18Hz、36Hz、50Hz 的频率进行控制，并开始清洗。

（4）电机正、反转（各 10s）两次后停止洗涤，按"停止"键结束洗碗机的工作。

【实验模块与参考示意图】

如图 7-27 所示为全自动洗碗机的参考操作界面。

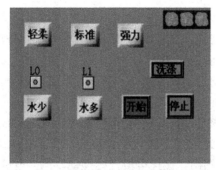

图 7-27　全自动洗碗机的参考操作界面

【设计方案】

1．I/O 地址

I/O 端子参考配置表见表 7-21。

表 7-21　I/O 端子参考配置表

序号	端子名称	PLC 输入点	序号	端子名称	PLC 输出点
1	开始	M0	1	正转	Y0
2	洗涤	M1	2	反转	Y1
3	轻柔	M2	3	水少提示灯	Y2
4	标准	M3	4	水多提示灯	Y3
5	强力	M4			
6	水多	M5			
7	水少	M6			

2．全自动洗碗机的参考操作界面

在全自动洗碗机的参考操作界面（见图 7-27）中，"轻柔"键、"标准"键、"强力"键用于选择清洗的力度；"水多"键、"水少"键控制进水量；"开始"键、"停止"键、"洗涤"键控制洗碗机的运转。

读者也可以自行设计更加合理美观的操作界面，具体的 GT Designer3 软件使用以及触摸屏与 PLC 的通信可参考 4.2.2 节和 4.2.3 节、电机和变频器的使用可参考 3.3.3 节和 3.3.4 节，或参考 4.3.1 节。

3．PLC 梯形图

请读者自行编写 PLC 梯形图。

实验 16　工业混合搅拌系统

【实验目的】

（1）熟练运用 PLC 指令。

（2）熟练掌握触摸屏的使用。

（3）熟练使用组态软件 MCGS。

【实验器材】

（1）可编程控制器实验装置。

（2）USB-SC-09 编程电缆。

（3）安装 GX Works2、GT Designer3 和 MCGS 的计算机。

【实验任务和要求】

SL1、SL2、SL3 为液面传感器，液体 A、B 阀门与混合液体阀门由电磁阀 YV1、YV2、YV3 控制，M 为搅拌电机，控制要求如下。

（1）初始状态：系统投入运行时，液体 A、B 阀门关闭，混合液阀门打开 20s，将容器放空后关闭。

（2）启动操作：按下启动按钮 SB1，系统就开始按下列约定的规律操作：液体 A 阀门打开，液体 A 流入容器。当液面到达 SL2 时，SL2 接通，关闭液体 A 阀门，打开液体 B 阀门。液面到达 SL1 时，关闭液体 B 阀门，搅拌电机开始搅动。搅拌电机工作 6s 后停止搅动，混合液体阀门打开，开始放出混合液体。当液面下降到 SL3 时，SL3 由接通变为断开，再过 2s 后，容器放空，混合液体阀门关闭，开始下一个周期。

（3）停止操作：按下"停止"按钮 SB2 后，在当前的混合液体操作处理完毕后，才停止操作（停在初始状态上）。

【实验模块与参考示意图】

如图 7-28 所示为工业混合搅拌系统的参考操作界面。

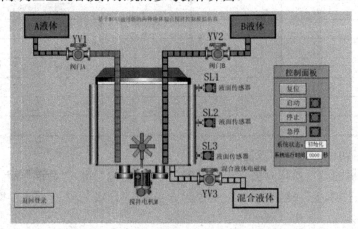

图 7-28　工业混合搅拌系统的参考操作界面

【设计方案】

1．I/O 地址

I/O 端子参考配置表见表 7-22。

表 7-22　I/O 端子参考配置表

序号	端子名称	PLC 输入点	序号	端子名称	PLC 输出点
1	启动	X0	1	YV1	Y0
2	SL1	X1	2	YV2	Y1
3	SL2	X2	3	YV3	Y2
4	SL3	X3	4	搅拌电机 M	Y3
5	停止	X4			
6	急停	X5			

2．工业混合搅拌系统的参考操作界面

在工业混合搅拌系统的参考操作界面（见图 7-28）中，"启动"按钮为 SB1，3 个液面传感器开关 SL1、SL2、SL3 用于模拟水位。

读者也可以自行设计更加合理美观的操作界面，具体的 GT Designer3 软件使用及触摸屏与 PLC 的通信可参考 4.2.2 节和 4.2.3 节、电机和变频器的使用可参考 3.3.3 节和 3.3.4 节，或参考 4.3.1 节。

3．PLC 梯形图

请读者自行编写 PLC 梯形图。

实验 17　病床紧急呼叫系统

【实验目的】

（1）熟练运用 PLC 指令。

（2）熟练掌握触摸屏的使用。

（3）熟练使用组态软件 MCGS。

【实验器材】

（1）可编程控制器实验装置。

（2）USB-SC-09 编程电缆。

（3）安装 GX Works2、GT Designer3 和 MCGS 的计算机。

【实验任务和要求】

（1）共有 3 个病房，一号房、二号房有三个床位，三号房有两个床位。每个病床的床头均有"呼叫"按钮及"重置"按钮，以利于病人不适时紧急呼叫。

（2）每一层楼设有一个护士站，每个护士站均有该层楼病人紧急呼叫与处理完毕的"重置"按钮。

（3）每个病床的床头均有一个紧急指示灯，一旦病人按下床头的"呼叫"按钮且未在 5s 内按下"重置"按钮，该病床床头的紧急指示灯动作且病房门口的紧急指示灯闪烁，同时同层护士站显示病房紧急呼叫并闪烁指示灯。

（4）一旦护士看见护士站的紧急指示灯闪烁后，须先按下"重置"按钮以取消闪烁情况，再依病房紧急呼叫顺序处理病房紧急事故，若事故处理妥当后，病房门口的紧急指示灯和病床床头的紧急指示灯方能被重置。

【实验模块与参考示意图】

如图 7-29 所示为病床紧急呼叫系统的参考操作界面。

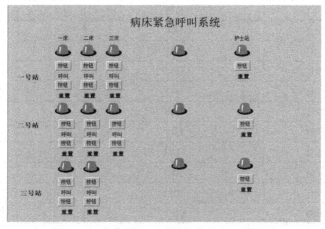

图 7-29　病床紧急呼叫系统的参考操作界面

【设计方案】

1. I/O 地址

输入 I/O 端子参考配置表见表 7-23，输出 I/O 端子参考配置表见表 7-24。

表 7-23　输入 I/O 端子参考配置表

名称	按键	输入
一号房一床呼叫按钮	K0	X000
一号房二床呼叫按钮	K1	X001
一号房三床呼叫按钮	K2	X002
二号房一床呼叫按钮	K3	X003
二号房二床呼叫按钮	K4	X004
二号房三床呼叫按钮	K5	X005
三号房一床呼叫按钮	K6	X006
三号房二床呼叫按钮	K7	X007
一号房一床重置按钮	K10	X010
一号房二床重置按钮	K11	X011
一号房三床重置按钮	K12	X012
二号房一床重置按钮	K13	X013
二号房二床重置按钮	K14	X014
二号房三床重置按钮	K15	X015
三号房一床重置按钮	K16	X016
三号房二床重置按钮	K17	X017
一号房护士站重置按钮	K20	X020
二号房护士站重置按钮	K21	X021
三号房护士站重置按钮	K22	X022

表 7-24　输出 I/O 端子参考配置表

名称	LED	输出
护士站一号房指示灯	LD0	Y000
护士站二号房指示灯	LD1	Y001
护士站三号房指示灯	LD2	Y002
一号房门口紧急指示灯	LD3	Y013
二号房门口紧急指示灯	LD4	Y014
三号房门口紧急指示灯	LD5	Y015
一号房一床紧急指示灯	LD6	Y003
一号房二床紧急指示灯	LD7	Y004
一号房三床紧急指示灯	LD8	Y005
二号房一床紧急指示灯	LD9	Y006
二号房二床紧急指示灯	LD10	Y007
二号房三床紧急指示灯	LD11	Y010
三号房一床紧急指示灯	LD12	Y011
三号房二床紧急指示灯	LD13	Y012

2．病床紧急呼叫系统的参考操作界面

在病床紧急呼叫系统的参考操作界面（见图7-29）中，每个病床都有两个按钮，分别用于呼叫和重置，在护士站，同样也有"重置"按钮。每个病床对应一个紧急指示灯，每个病房有一个紧急指示灯，护士站也有紧急指示灯。

读者也可以自行设计更加合理美观的操作界面，具体的GT Designer3软件使用及触摸屏与PLC的通信可参考4.2.2节和4.2.3节，或参考4.3.1节。

3．PLC梯形图

请读者自行编写PLC梯形图。

实验18　水塔水位控制系统

【实验目的】

（1）熟练运用PLC指令。

（2）熟练掌握触摸屏的使用。

（3）熟练使用组态软件MCGS。

【实验器材】

（1）可编程控制器实验装置。

（2）USB-SC-09编程电缆。

（3）安装GX Works2、GT Designer3和MCGS的计算机。

【实验任务和要求】

（1）通过进水阀、出水阀、电机M控制，来实现水塔水位维持在S1到S2之间，且水池水位维持在S3到S4之间，指示灯L1表示水池水位低于水池水位下限，指示灯L2表示水池水位高于水池水位上限，指示灯L3表示水塔水位低于水塔水位下限，指示灯L4表示水塔水位高于水塔水位上限。

（2）当水池水位低于水池水位下限时（通过按下S4，L4亮起模拟上述情况），进水阀打开进水定时器开始定时4s后自动关闭。

（3）当水池水位高于水池水位上限时（通过按下S3，L3亮起模拟上述情况），进水阀关闭，电机运转3s自动关闭。

（4）当水塔水位高于水塔水位上限时（通过按下S2，L2亮起模拟上述情况），电机停止运转，出水阀打开。

（5）当水塔水位低于水塔水位下限时（通过按下S1，L1亮起模拟上述情况），电机开始运转3s自动关闭，出水阀关闭。

（6）当出水阀发生故障，停止电机，关闭进水阀；当进水阀发生故障，关闭出水阀和电机。

【实验模块与参考示意图】

如图7-30所示为水塔水位控制系统的参考操作界面。

【设计方案】

1．I/O地址

I/O端子参考配置表见表7-25。

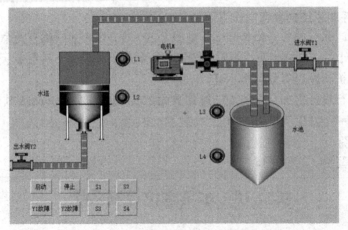

图 7-30 水塔水位控制系统的参考操作界面

表 7-25 I/O 端子参考配置表

序号	端子名称	PLC 输入点	序号	端子名称	PLC 输出点
1	启动按钮	X0	1	进水阀 Y1	Y0
2	水塔水位上限开关 S1	X1	2	出水阀 Y2	Y1
3	水塔水位下限开关 S2	X2	3	电机 M	Y2
4	水池水位上限开关 S3	X3	4	水塔水位上限指示灯 L1	Y3
5	水池水位下限开关 S4	X4	5	水塔水位下限指示灯 L2	Y4
6	停止按钮	X5	6	水池水位上限指示灯 L3	Y5
			7	水池水位下限指示灯 L4	Y6

2. 水塔水位控制系统参考操作界面

在水塔水位控制系统的参考操作界面（见图 7-30）中，L1、L2、L3 和 L4 为水位指示灯，S1、S2、S3 和 S4 按键分别用于模拟水位情况，"Y1 故障"和"Y2 故障"按键分别用于模拟进水阀和出水阀故障。

读者也可以自行设计更加合理美观的操作界面，具体的 GT Designer3 软件使用及触摸屏与 PLC 的通信可参考 4.2.2 节和 4.2.3 节，或参考 4.3.1 节。

3. PLC 梯形图

请读者自行编写 PLC 梯形图。

实验 19　PID 闭环电机转速控制系统

【实验目的】

（1）使用 PLC 基本指令编写 PID 闭环电机转速控制系统梯形图。

（2）使用触摸屏或 PC 机编写 PID 闭环电机转速控制、运行图形界面。

（3）掌握系统进行仿真运行的调试技巧。

【实验器材】

（1）可编程控制器实验装置。

（2）USB-SC-09 编程电缆。

（3）安装 GX Works2 和 MCGS 的计算机。

【实验任务和要求】

（1）使用变频器对电机进行直接驱动和控制。

（2）利用 PLC 输出控制量（模拟量）到变频器，进而控制电机。

（3）使用编码器对电机的转速进行精确的采集，并使用模数转换模块将转速输入 PLC 中。

（4）在 PLC 中写入 PID 控制的算法，实现对于电机转速的精确控制。

（5）利用触摸屏输入目标转速、PID 的各项参数，实时监视电机的状态，并画出电机转速的动态曲线图。

（6）建立一个简单的无 PID 控制的普通闭环，观察输入、输出，对比 PID 控制，观察 PID 闭环控制相对于普通闭环控制的优势。

【实验模块与参考示意图】

PID 闭环电机转速控制系统的参考操作界面如图 7-31 所示。

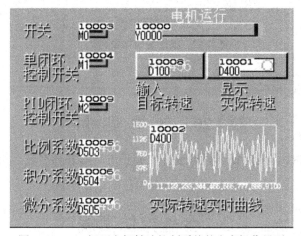

图 7-31　PID 闭环电机转速控制系统的参考操作界面

【设计方案】

1．I/O 地址

I/O 端子参考配置表见表 7-26。

表 7-26　I/O 端子参考配置表

I/O 端子	功能	寄存器	功能
M0	电机运转开关	D100	输入给定值
M1	单闭环控制开关	D400	实际转速
M2	PID 闭环控制开关	D650	单闭环偏差
X2	PLC 模拟量输出开关	D500	PID 采样时间
Y0	电机运行	D501	PID 动作设定
		D502	PID 滤波器常数
		D503	PID 比例增益
		D504	PID 积分时间
		D505	PID 微分增益
		D200	PID 输出控制量
		D600	经过上下限制的输出控制量
		D300	10s 测得的脉冲数

2. 方案提示

（1）编写 PLC 梯形图时，需要以 M 线圈作为输入，Y 线圈作为输出。

（2）软件的总体设计如图 7-32 所示。

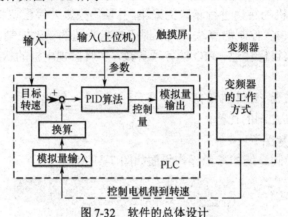

图 7-32　软件的总体设计

3. PLC 梯形图

请读者自行编写 PLC 梯形图。

实验 20　自 拟 题 目

利用实体 PLC 与 PC 机或触摸屏自行设计实验系统，实验内容要尽量接近自动化控制的前沿。

7.3　全虚拟仿真篇

全虚拟仿真篇的 PLC 及其输入/输出设备都是虚拟的。虚拟 PLC 可以是三菱 PLC，也可以是西门子 PLC，虚拟输入/输出设备用 MCGS 实现。

实验 21　停车场车位控制系统

【实验目的】

（1）使用 PLC 基本指令编写停车场车位控制系统梯形图。

（2）使用 MCGS 编写停车场车位控制、运行图形界面。

（3）掌握对系统进行仿真运行调试的技巧。

【实验器材】

（1）计算机一台。

（2）GX Works2 或 TIA Portal V16 软件。

（3）MX OPC 或 S7-PLCSIM Advanced V3.0 软件。

（4）组态软件 MCGS。

【实验任务和要求】

（1）入库车辆前进时，经过传感器 1，此时车位尚未满的话，闸门向上打开，当达到上限位置时，闸门打开停止，同时车辆进入，经过传感器 2，闸门向下关闭，达到下限位置时，闸门停止关闭，同时计数器加 1。

（2）车辆出库时，先经过传感器 2，闸门向上打开，当达到上限时停止打开，同时车辆出闸门再经过传感器 1，闸门向下关闭，当达到下限位置时，闸门停止动作，计数器减 1。只经过一个传感器，计数器不计数。

（3）设停车场容量为 8 辆车，则车位未满时"尚有车位"指示灯亮，车位满时"车位已满"指示灯亮。

（4）若同时有车辆相对入库和出库（即入库车辆经过传感器 1，出库车辆经过传感器 2），应避免误计数。

【实验模块与参考示意图】

停车场车位控制系统的 MCGS 参考操作界面如图 7-33 所示。

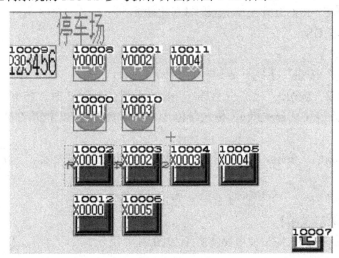

图 7-33　停车场车位控制系统的 MCGS 参考操作界面

【设计方案】

1. I/O 地址

I/O 端子参考配置表见表 7-27。

表 7-27　I/O 端子参考配置表

输入	功能	输出	功能
X000	启动按钮	Y000	电机正转信号
X001	停止按钮	Y001	电机反转信号
X002	传感器 1 输入信号	Y002	尚有车位指示灯
X003	传感器 2 输入信号	Y003	车位已满指示灯
X004	闸门上限信号	Y004	数码管显示
X005	闸门下限信号	Y005	数码管显示
		Y006	数码管显示
		Y007	数码管显示

2. 方案提示

编写 PLC 梯形图时，需要以 M 线圈作为输入、Y 线圈作为输出。

3. PLC 梯形图

请读者自行编写 PLC 梯形图。

实验 22 邮件分拣模拟系统

【实验目的】

（1）使用 PLC 基本指令编写邮件分拣模拟系统梯形图。

（2）使用 MCGS 编写邮件分拣控制、运行图形界面。

（3）使用虚拟串口将虚拟 PLC 与 MCGS 进行连接，对系统进行仿真运行，掌握调试的技巧。

【实验器材】

（1）计算机一台。

（2）GX Works2 或 TIA Portal V16 软件。

（3）MX OPC 或 S7-PLCSIM Advanced V3.0 软件。

（4）组态软件 MCGS。

【实验任务和要求】

（1）按下"启动"按钮，系统开始运行，"启动指示灯"亮。

（2）按下"编码 2"按钮，"检测指示灯"亮，当经过传感器 2 时，按下"传感器 2"按钮（模拟检测到物件，其他传感器失效），传送带停止，1s 后"邮箱 2"指示灯亮，1s 后灭，同时传送带继续运行。

（3）按下"其他编码"按钮，"检测指示灯"亮，所有传感器都失效，经过 3s 后"邮箱 4"指示灯亮，1s 后灭。

（4）按下"停止"按钮，可以在任意时刻停止系统运行。

【实验模块与参考示意图】

邮件分拣模拟系统的 MCGS 参考操作界面如图 7-34 所示。

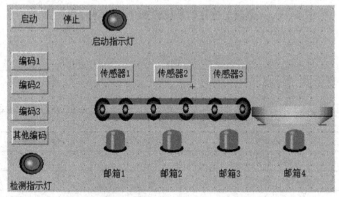

图 7-34 邮件分拣模拟系统的 MCGS 参考操作界面

【设计方案】

1. I/O 地址

I/O 端子参考配置表见表 7-28。

2. 方案提示

（1）编写 PLC 梯形图时，考虑以 X 线圈作为输入，Y 线圈作为输出。

（2）MCGS 连接属性设置可参考本书前面的内容。

（3）传送带的动画效果需要勾选位置动画后再进行设置。

表 7-28 I/O 端子参考配置表

输入	功能	输出	功能
X000	启动按钮	Y000	启动指示灯
X001	停止按钮	Y001	检测指示灯
X002	编码 1	Y002	邮箱 1 指示灯
X003	编码 2	Y003	邮箱 2 指示灯
X004	编码 3	Y004	邮箱 3 指示灯
X005	其他编码	Y005	邮箱 4 指示灯
X006	传感器 1	Y006	传送带
X007	传感器 2		
X008	传感器 3		

3. PLC 梯形图

请读者自行编写 PLC 梯形图。

实验 23 污水处理系统

【实验目的】

（1）使用 PLC 基本指令编写污水处理系统的梯形图。

（2）使用 MCGS 编写污水处理控制、运行图形界面。

（3）使用虚拟串口将虚拟 PLC 与 MCGS 进行连接，对系统进行仿真运行，掌握调试的技巧。

【实验器材】

（1）计算机一台。

（2）GX Works2 或 TIA Portal V16 软件。

（3）MX OPC 或 S7-PLCSIM Advanced V3.0 软件。

（4）组态软件 MCGS。

【实验任务和要求】

（1）按下"启动"按钮，系统开始运行，"启动"指示灯亮。

（2）泵 1 开始工作，若压力传感器 1（模拟）发出提示，则停止泵 1 工作（若 5s 未提示，则停止泵 1 工作，"故障"指示灯亮，停止后单击"启动"按钮，重新启动系统），经过 3s 后，泵 2 开始工作。若压力传感器 2（模拟）发出提示，则停止泵 2 工作（若 5s 未提示，则停止泵 2 工作，"故障"指示灯亮，停止后单击"启动"按钮，重新启动系统），同时泵 1 开始工作，经过 3s，打开阀 1，导出纯净水，3s 后关闭阀 1。

【实验模块与参考示意图】

污水处理系统的 MCGS 参考操作界面如图 7-35 所示。

【设计方案】

1. I/O 地址

I/O 端子参考配置表见表 7-29。

2. 方案提示

（1）编写 PLC 梯形图时，考虑以 M 线圈作为输入、Y 线圈作为输出。

（2）MCGS 连接属性设置可参考本书前面的内容。

（3）读者可以尝试设计过滤时长的自定义输入窗口，此时需要使用寄存器。

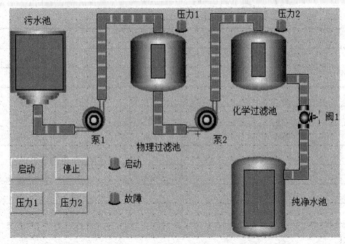

图 7-35 污水处理系统的 MCGS 参考操作界面

表 7-29 I/O 端子参考配置表

输入	功能	输出	功能
X000	启动按钮	Y000	启动指示灯
X001	停止按钮	Y001	故障指示灯
X002	压力 1	Y002	压力 1 指示灯
X003	压力 2	Y003	压力 2 指示灯

3. PLC 梯形图

请读者自行编写 PLC 梯形图。

实验 24　全自动洗衣机

【实验目的】

（1）使用 PLC 基本指令编写全自动洗衣机 PLC 控制的梯形图。

（2）使用 MCGS 编写全自动洗衣机控制、运行图形界面。

（3）使用虚拟串口将虚拟 PLC 与 MCGS 进行连接，对系统进行仿真运行，掌握调试的技巧。

【实验器材】

（1）计算机一台。

（2）GX Works2 或 TIA Portal V16 软件。

（3）MX OPC 或 S7-PLCSIM Advanced V3.0 软件。

（4）组态软件 MCGS。

【实验任务和要求】

全自动洗衣机 PLC 控制的要求是能实现"正常运行"和"强制停止"两种控制方式。

1. "正常运行"方式的具体控制要求

（1）将水位通过水位选择开关设定在合适的位置（高水位、低水位），按下"启动"按钮，开始进水，达到设定的水位（高水位、低水位）后，停止进水。

（2）停止进水 2s 后开始洗衣。

（3）洗衣时，正转 5s、停 2s，然后反转 5s、停 2s。

（4）如此循环 3 次后开始排水，水排空后开始脱水 6s。

（5）然后进水，重复（2）～（4）步，如此循环共 2 次。

（6）洗衣过程完成，报警 3s 并自动停机。

2."强制停止"方式的具体控制要求

（1）若按下"停止"按钮，洗衣过程停止，即洗衣滚筒和脱水桶停止转动，进水阀和排水阀全部闭合。

（2）可用"手动排水"开关和"手动脱水"开关将洗衣机由全自动模式转换为手动模式。

【实验模块与参考示意图】

如图 7-36 所示为全自动洗衣机的 MCGS 参考操作界面。

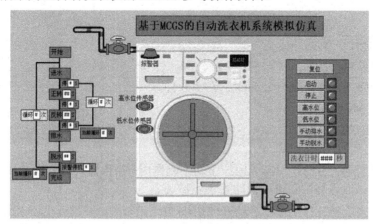

图 7-36　全自动洗衣机的 MCGS 参考操作界面

【设计方案】

1. I/O 地址

I/O 端子参考配置表见表 7-30。

表 7-30　I/O 端子参考配置表

输入	功能	输出	功能
X000	启动按钮	Y000	进水阀
X001	停止按钮	Y001	排水阀
X002	水位选择开关（高水位）	Y002	电机正转继电器
X003	水位选择开关（低水位）	Y003	电机反转继电器
X004	手动排水开关	Y004	排水阀
X005	手动脱水开关	Y005	甩干阀

2. 方案提示

（1）编写 PLC 梯形图时，需要以 M 线圈作为输入、Y 线圈作为输出。

（2）实验时，需要使用虚拟串口软件连接 OPC 与 MCGS 端口，设定相应 COM 口进行连接，并将两个软件的连接端口分别设为虚拟串口的两个已连接端口上。

（3）MCGS 连接属性设置可参考本书前面的内容。

（4）可以使用 MCGS 组态动画中的填充颜色、闪烁效果、旋转等功能进行 MCGS 组态页面的设计，以增加页面的可观性。

（5）洗衣机图像可通过位图的方式加入 MCGS 组态页面中。

3. PLC 梯形图

请读者自行编写 PLC 梯形图。

实验 25　三层电梯模拟控制系统

【实验目的】

（1）使用 PLC 基本指令编写三层电梯模拟控制系统的梯形图。

（2）使用 MCGS 编写三层电梯控制、运行图形界面。

（3）使用虚拟串口将虚拟 PLC 与 MCGS 进行连接，对系统进行仿真运行，掌握调试的技巧。

【实验器材】

（1）计算机一台。

（2）GX Works2 或 TIA Portal V16 软件。

（3）MX OPC 或 S7-PLCSIM Advanced V3.0 软件。

（4）组态软件 MCGS。

【实验任务和要求】

1. 开关门

在电梯运行过程中，电梯开门与关门按钮均不起作用；当电梯到达并停在各楼层时，电梯开门与关门动作可由电梯开门与关门按钮来进行控制。

手动开门时，当电梯运行到位，手动开门按钮 SB1 闭合时，开门继电器 KM1 动作，电梯门被打开，开门到位时，开门行程开关 SQ1 的触点断开，开门结束。

手动关门时，按下关门按钮 SB2，关门继电器 KM2 动作，电梯关门，关门到位时，关门行程开关 SQ2 的触点断开，关门结束。

2. 轿厢外呼叫和轿厢内指令

每层电梯采用轿厢外呼叫、轿厢内按钮控制这两种控制形式。由安装在轿厢内的指令按钮进行目的楼层的指令下达，启动电梯，使电梯到达目的层。一层有上升呼叫按钮 SB6 和对应的上升呼叫指示灯 E3，二层有上升呼叫按钮 SB7、下降呼叫按钮 SB8 和指示灯 E10，三层有下降呼叫按钮 SB9 和指示灯 E12；轿厢内部有一层到三层呼叫按钮 SB3、SB4、SB5，开门按钮 SB1 和关门按钮 SB2。

3. 电梯的上下运行

电梯运行方向是由上行方向灯 E1 和下行方向灯 E2 指示的，当电梯运行方向确定后，在关门信号和门锁信号符合要求的情况下，电梯开始启动运行，直至电梯到达目标楼层时，对应楼层按钮触点闭合，电梯停止运行。

4. 相应指示灯的显示

楼层呼叫按钮及电梯内按钮按下，电梯未到达相应楼层或未得到相应的响应时，相应指示灯一直接通指示。

【实验模块与参考示意图】

三层电梯模拟控制系统的 MCGS 参考操作界面如图 7-37 所示。

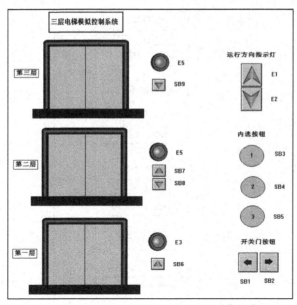

图 7-37　三层电梯模拟控制系统的 MCGS 参考操作界面

【设计方案】

1．I/O 地址

I/O 端子参考配置表见表 7-31。

表 7-31　I/O 端子参考配置表

输入	功能	输出	功能
X000	电梯开门按钮	Y000	开门继电器
X001	电梯关门按钮	Y001	关门继电器
X002	开门行程开关	Y002	上行继电器
X003	关门行程开关	Y003	下行继电器
X010	门锁输入信号	Y020	上行方向灯
X011	电梯内一层按钮	Y021	下行方向灯
X012	电梯内二层按钮	Y022	一层指示灯
X013	电梯内三层按钮	Y023	二层指示灯
X014	一层上升呼叫按钮	Y024	三层指示灯
X015	二层上升呼叫按钮	Y025	一层内指令指示灯
X016	二层下降呼叫按钮	Y026	二层内指令指示灯
X017	三层下降呼叫按钮	Y027	三层内指令指示灯
		Y030	一层向上召唤灯
		Y031	二层向上召唤灯
		Y032	二层向下召唤灯
		Y033	三层向下召唤灯

2．方案提示

（1）编写 PLC 梯形图时，需要以 M 线圈作为输入、Y 线圈作为输出。

（2）PLC 梯形图可按照如图 7-38 所示的流程图进行设计。

（3）MCGS 连接属性设置可参考本书前面的内容。

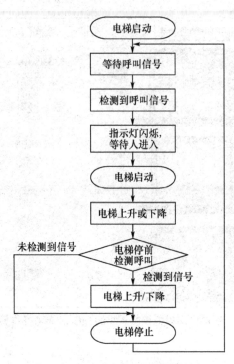

图 7-38　三层电梯运行的流程图

3. PLC 梯形图

请读者自行编写 PLC 梯形图。

实验 26　饮料自助模拟系统

【实验目的】

（1）使用 PLC 基本指令编写饮料自助模拟系统的梯形图。

（2）使用 MCGS 编写饮料自助模拟系统控制、运行图形界面。

（3）使用虚拟串口将虚拟 PLC 与 MCGS 进行连接，对系统进行仿真运行，掌握调试的技巧。

【实验器材】

（1）计算机一台。

（2）GX Works2 或 TIA Portal V16 软件。

（3）MX OPC 或 S7-PLCSIM Advanced V3.0 软件。

（4）组态软件 MCGS。

【实验任务和要求】

（1）可投入 5 角、1 元硬币和 5 元、10 元纸币。

（2）所出售的饮料及其标价：可乐 2.5 元，橙汁 3 元，苹果汁 3 元，奶茶 5.5 元，牛奶 7.5 元，咖啡 10 元。

（3）当投入的硬币和纸币总价值超过所售饮料的标价时，所有可以购买的饮料的指示灯亮，提示可进行购买。

（4）当饮料指示灯亮时，才可按下需要购买饮料的按钮进行购买。

（5）购买饮料后，系统自动计算剩余金额，并根据剩余金额继续提示可购买饮料（可购买饮料的指示灯亮）。

（6）若投入的硬币和纸币的总价值超过所消费的金额时，找余指示灯亮，按下退币按钮，就可退出剩余的钱。

（7）售货机退币箱中只备有5角、1元硬币，退币时系统根据剩余金额首先退出1元硬币，1元硬币用完后，所有找余为5角硬币。

【实验模块与参考示意图】

饮料自助模拟系统的MCGS参考操作界面如图7-39所示。

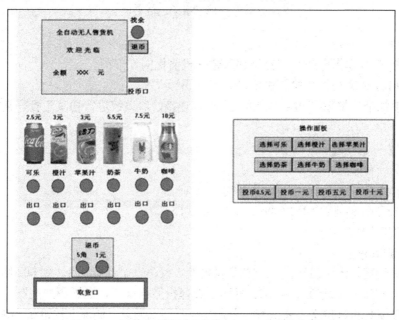

图7-39　饮料自助模拟系统的MCGS参考操作界面

【设计方案】

1. I/O地址

I/O端子参考配置表见表7-32。

表7-32　I/O端子参考配置表

输入	功能	输出	功能
X000	退币按钮	Y000	找余指示灯
X001	识别为0.5元	Y001	5角退币
X002	识别为1元	Y002	1元退币
X003	识别为5元	Y003	可乐出口
X004	识别为10元	Y004	橙汁出口
X005	选择可乐	Y005	苹果汁出口
X006	选择橙汁	Y006	奶茶出口
X007	选择苹果汁	Y007	牛奶出口
X010	选择奶茶	Y010	咖啡出口
X011	选择牛奶	Y011	可乐指示灯
X012	选择咖啡	Y012	橙汁指示灯
		Y013	苹果汁指示灯
		Y014	奶茶指示灯
		Y015	牛奶指示灯
		Y016	咖啡指示灯

2. 方案提示
（1）编写 PLC 梯形图时，考虑以 M 线圈作为输入、Y 线圈作为输出。
（2）MCGS 连接属性设置可参考本书前面的内容。

3. PLC 梯形图
请读者自行编写 PLC 梯形图。

实验 27　趣味投篮机

【实验目的】
（1）使用 PLC 基本指令结合变频器编写趣味投篮机的梯形图。
（2）使用 MCGS 编写趣味投篮机控制、运行图形界面。
（3）使用虚拟串口将虚拟 PLC 与 MCGS 进行连接，对系统进行仿真运行，掌握调试的技巧。

【实验器材】
（1）计算机一台。
（2）GX Works2 或 TIA Portal V16 软件。
（3）MX OPC 或 S7-PLCSIM Advanced V3.0 软件。
（4）组态软件 MCGS。

【实验任务和要求】
趣味投篮机让篮筐上下运动，参与者可以投篮，投进一个计数加 1，到 60s 结束，游戏停止，投币可继续投篮。系统通过 MCGS 界面来选择投篮的模式，通过程序控制投篮电机的转动。投篮有极限模式和自定义模式两种，自定义模式可以通过"低速"按钮和"高速"按钮自行调节电机转速。

【实验模块与参考示意图】
趣味投篮机的 MCGS 参考操作界面如图 7-40 所示。

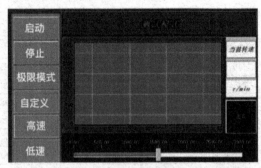

图 7-40　趣味投篮机的 MCGS 参考操作界面

【设计方案】
1. I/O 地址
I/O 端子参考配置表见表 7-33。

2. 方案提示
（1）编写 PLC 梯形图时，需要以 X 线圈作为输入、Y 线圈作为输出。
（2）可采用转速多段控制，并结合电机正/反转，控制篮筐的运动方向。

表 7-33 I/O 端子参考配置表

输入	功能	输出	功能
X000	启动按钮	Y000	正转输出
X001	低速按钮	Y001	反转输出
X002	高速按钮		
X003	自定义调速按钮		
X004	极限模式		
X005	停止按钮		

3. PLC 梯形图

请读者自行编写 PLC 梯形图。

实验 28　口罩生产线

【实验目的】

（1）通过实践新冠疫情期间急需的口罩生产线，加强学生的家国情怀，使学生体会我国体制的优势，增强制度自信，同时使学生既感受到青年学子的责任担当，又了解到该门课程的实践意义，从而激发学习热情。

（2）使用 PLC 基本指令编写口罩生产线的梯形图。

（3）使用 MCGS 编写口罩生产线控制、运行图形界面。

（4）使用虚拟串口将虚拟 PLC 与 MCGS 进行连接，对系统进行仿真运行，掌握调试的技巧。

【实验器材】

（1）计算机一台。

（2）GX Works2 或 TIA Portal V16 软件。

（3）MX OPC 或 S7-PLC SIM Advanced V3.0 软件。

（4）组态软件 MCGS。

【参考示意图】

口罩生产线的 MCGS 参考示意图如图 7-41 所示。

【实验任务和要求】

（1）通过按钮控制口罩生产线的运行与停止。

（2）口罩生产线运行时，启动焊接传送带之前的所有传动装置（滚筒、滚轮、圆盘、传送带等）。

（3）鼻夹气缸以一定周期切割鼻夹（例如，可以得电 500ms，失电 1500ms 为周期）。

（4）焊接传送带运行时，焊接传送带标志灯亮，不能进行焊接操作；进行焊接操作时，焊接标志灯亮，焊接传送带不能运行（互锁）。

（5）在检测到光电检测 1 输入为高电平后，焊接传送带移动一个口罩的距离。

（6）仅在光电检测 2 输入为高电平时，进行焊接操作（尽量为所有移动到焊台的口罩焊接耳带，否则成品中会出现无耳带的口罩；避免在同一个口罩上重复焊接，否则会严重降低效率）。

（7）每输出 10 个成品，输出气缸进行一次推出操作。

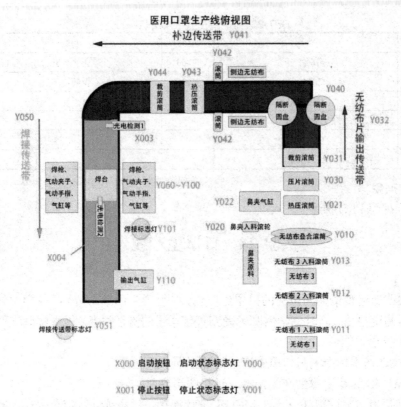

图 7-41 口罩生产线的 MCGS 参考示意图

【设计方案】

1. I/O 地址

I/O 端子参考配置表见表 7-34。

表 7-34 I/O 端子参考配置表

生产步骤	I/O 口	作用	得电时（或输入高电平时）
系统输入	X000	启动按钮	启动系统
	X001	停止按钮	停止系统
	X003	检测补边传送带是否送来了口罩	有口罩送到了焊接传送带上
	X004	检测焊接位置是否有口罩	焊接位置上有口罩
系统状态	Y000	启动状态标志灯	系统正处于运行状态
	Y001	停止状态标志灯	系统正处于停止状态
入料与叠合	Y011	控制无纺布 1 入料滚筒	启动
	Y012	控制无纺布 2 入料滚筒	启动
	Y013	控制无纺布 3 入料滚筒	启动
	Y010	控制无纺布叠合滚筒	启动
缝入鼻夹	Y020	控制鼻夹入料滚轮	启动
	Y021	控制热压滚筒	启动
	Y022	控制鼻夹气缸	切下鼻夹并推到口罩上
压平与裁剪	Y030	控制压片滚筒	启动
	Y031	控制裁剪滚筒	启动
	Y032	控制无纺布片输出传送带	启动

生产步骤	I/O口	作用	得电时（或输入高电平时）
至此，得到了无纺布片，之后将经过隔断圆盘后进入补边传送带			
补边压合	Y040	控制隔断圆盘	启动
	Y041	控制补边传送带	启动
	Y042	控制侧边无纺布入料滚筒	启动
	Y043	控制侧边无纺布热压滚筒	启动
	Y044	控制裁剪滚筒	启动
至此，得到了成型的口罩片，之后将送入成型口罩传送带进行耳带焊接			
焊接传送带	Y050	控制成型口罩焊接传送带（步进电机）	每输出10个上升沿，传送带进行一个口罩长度的位移
	Y051	焊接传送带标志灯	焊接传送带正在进行位移
剪切、焊接耳带	Y060	控制拉伸耳带的气缸	推动气动手指靠近耳带
	Y061	控制气动剪刀	合刃，剪下耳带
	Y062	控制气缸上的气动手指	夹紧耳带
	Y070	控制气动夹子的垂直位置	气动夹子下移
	Y071	控制气动夹子的水平位置	气动夹子旋转至口罩边缘
	Y072	气动夹子的开合	气动夹子夹紧
	Y100	控制焊枪的垂直位置	焊枪下移
	Y101	焊接标志灯	表示正在焊接
产品输出	Y110	控制输出成品的气缸	将处理好的口罩推出
至此，得到成品口罩			

2．焊台上的操作（各步骤之间请留有时间间隔）

（1）开始剪切耳带操作，Y060得电，气缸推动气动手指靠近耳带。

（2）Y062得电，气动手指夹紧。

（3）Y060失电，气缸归位，带着气动手指将耳带拉长。

（4）Y070得电，气动夹子下移。

（5）Y072得电，气动夹子将耳带的两端夹住。

（6）Y061得电，气动剪刀将这一段耳带剪下。

（7）Y061失电，气动剪刀张开。

（8）Y062失电，气动手指松开。

（9）Y070失电，气动夹子上移。

（10）Y071得电，气动夹子旋转至口罩边缘，剪切耳带操作结束。

（11）等待焊接位置上出现口罩。

（12）开始焊接操作，Y070得电，气动夹子下移，将耳带抵在口罩边缘。

（13）Y100得电，焊枪下移，将耳带与口罩焊接在一起。

（14）Y070、Y100失电，气动夹子与焊枪同时上移。

（15）Y071、Y072失电，气动夹子松开，并回到耳带边缘，焊接操作结束。

3．方案提示

（1）编写PLC梯形图时，考虑以M线圈作为输入、Y线圈作为输出。

（2）为了便于观察模拟效果，焊接步骤之间、步进电机的脉冲之间的间隔至少为500ms。

（3）剪切耳带操作可以与焊接传送带并行运行，但焊接耳带操作不可以与焊接传送带并行运行。

4．PLC 梯形图

请读者自行编写 PLC 梯形图。

实验 29　自 拟 题 目

利用虚拟 PLC 与 MCGS 自行设计实验系统，实验内容要尽量接近自动化控制的前沿。

参 考 文 献

[1] 刘艳梅. 三菱 PLC 基础与系统设计. 2 版.北京：机械工业出版社，2013.
[2] 刘华波. 西门子 S7-1200 PLC 编程与应用. 2 版.北京：机械工业出版社，2023.

反侵权盗版声明

　　电子工业出版社依法对本作品享有专有出版权。任何未经权利人书面许可，复制、销售或通过信息网络传播本作品的行为；歪曲、篡改、剽窃本作品的行为，均违反《中华人民共和国著作权法》，其行为人应承担相应的民事责任和行政责任，构成犯罪的，将被依法追究刑事责任。

　　为了维护市场秩序，保护权利人的合法权益，我社将依法查处和打击侵权盗版的单位和个人。欢迎社会各界人士积极举报侵权盗版行为，本社将奖励举报有功人员，并保证举报人的信息不被泄露。

举报电话：（010）88254396；（010）88258888

传　　真：（010）88254397

E-mail：　dbqq@phei.com.cn

通信地址：北京市万寿路 173 信箱

　　　　　电子工业出版社总编办公室

邮　　编：100036